AF549761

Hechte

Ein Portrait
von
Andreas Möller

NATURKUNDEN

All jenen, mit denen ich Zeit
am Wasser verbrachte.

Und Silke, die nie mit ans Wasser will.

NATURKUNDEN № 80

herausgegeben von Judith Schalansky
bei Matthes & Seitz Berlin

Inhalt

Erste Begegnung **7** Das Jahr des Hechts **12**

Arten und Vorkommen **15** Gefahren und Gegner **25**

Bilderwelten **35** Hören und Sehen **45**

Hemingwege zur Einsamkeit **53** Putins Hecht **61**

Die Verkörperung des Bösen und Unheilvollen **77**

Vom hungrigen Wolf zum gefragten Speisefisch **95**

Die Ökonomie des Einzelgängers **105**

Hechte essen **121** Auf dem Eis **131**

Portraits

Nordischer Hecht **140**

Südlicher Hecht, auch Italienischer Hecht **142**

Muskellunge **144** Rotflossenhecht **146**

Grashecht **148** Ketten- oder Schwarzhecht **150**

Amurhecht, auch Schwarzfleckenhecht **152**

Anmerkungen **154**

Abbildungsverzeichnis **158**

In Wurzelkörben
unterwaschener Weiden
schwankt mit dem Laich
der Fische mein Schmuck,
vom Maul der Hechte bewacht.

Peter Huchel, *Undine*

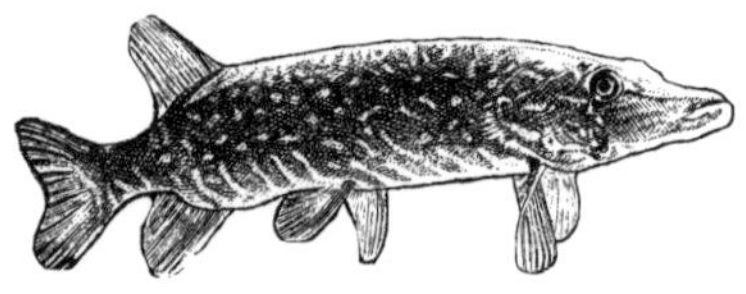

Erste Begegnung

In meiner Kindheit waren Hechte die Verkörperung von Wildheit und Gefahr. Mit sechs sah ich zum ersten Mal die drachenkopfgleichen Hechtpräparate im Angelladen Peters. Sie hingen wie Wachhunde zwischen Regalen mit Angelrollen der Fabrikate Forelle und Rileh Rex. Die Forelle war für Friedfische und kleine Raubfische. Die nach ihrem Erfinder Richard Lehmann benannte Rileh Rex aber war für Hechte. Sie war das Maß aller Dinge. Ich begriff damals, dass die Hechtköpfe an der Wand auch Ausdruck einer Rangordnung unter den Fischen waren, in der man sich langsam hochangeln musste.

In dieser Zeit nahm mich mein Vater zum ersten Mal zum Stippen mit, die Urform des Angelns mit einer einfachen Rute und Brötchenteig oder Wurm als Köder. Immer wieder kam es vor, dass man beim Blick auf die Angelpose aus seinen Gedanken gerissen wurde. Wenn die in Todesangst flüchtenden Rotfedern oder Ukelei über die Wasseroberfläche schossen und dabei ein Geräusch verursachten, als werfe jemand eine Handvoll Kies in den See, hieß das: Ein Hecht trieb einen Schwarm vor sich her!

Der Jäger selbst blieb stets unsichtbar, man konnte seine Größe und Bahn nur erahnen. Das machte ihn noch unheimlicher. Es hätten theoretisch also auch ein Zander oder Barsch sein können, die vor meinen Augen räuberten. Aber Zander gab es keine in unserem See. Und die Barsche waren von überschaubarer Größe. Sie wären nicht imstande gewesen, ein solches Schauspiel zwischen den Seerosenfeldern zu veranstalten.

Das Herz schlug in diesen Momenten bis zum Hals. Ich antizipierte die Schwimmrichtung des Hechtes anhand der springenden Fische und warf die Angel über den Kopf hektisch an die Stelle, an der ich ihn vermutete. Doch der Hecht biss nie an. Er hatte genügend Auswahl an lebender Beute, als dass er auf ein blasses Stück Wurm hereinfiele. Angesichts der dünnen Sehne und der filigranen Bambusrute war das vielleicht ganz gut.

Jahre später lernte ich einen Jungen aus der Nachbarschaft kennen, der meinen Vater als Angelpartner ablöste. Wir hatten keine edleren Interessen als die Kinder von heute. Aber wir waren immer draußen, und das nicht nur, weil unser Haus am See klein und an Home Entertainment mit Ausnahme des ZDF-Ferienprogramms noch nicht zu denken war. Es ging längst nicht mehr nur um das Angeln, was so etwas wie der Gründungskodex unserer Freundschaft war. Das Angeln wurde auch zu einem Weg, den Blicken und Ohren der Eltern unter einem Vorwand zu entgehen. Das Schilf und der See verhießen Freiheit.

Wie besessen *gingen* wir in dieser Zeit auf alles, was unser See hergab – eine bis heute übliche Formulierung, Fische zu fangen. Darunter waren zunächst Aale, denen wir mit Grundangeln oder Aalschnüren mit bis zu fünf Haken und Tauwürmern als Ködern nachstellten. Befestigt wurden die Schnüre an einem ins Wasser ragenden Busch. Manchmal auch an einer schwimmenden Weinflasche. Aus Furcht vor dem Fischer des Dorfes, der allen Anglern feindselig gegenüberstand, schoben wir die Flaschen zur Tarnung unter Seerosenblätter. Man musste sie

Die Ruhe trügt: Der standorttreue Jäger kann blitzschnell angreifen, wenn ein Beutefisch vorbeischwimmt – oder ein ganzer Schwarm. Hecht-Bild von Heinrich Harder (1913).

nach Einbruch der Dunkelheit mit dem Boot auslegen, damit Kleinfische die Haken nicht abnagten, bevor der Aal überhaupt zu laufen begann. Dies geschah selten vor Sonnenuntergang und machte die Fischjagd zu einer echten Mutprobe. Vor allem dann, wenn der Mond am Himmel stand und unseren See beleuchtete wie das Flutlicht einen Fußballplatz. Der Fischer hätte dann leichtes Spiel gehabt und uns am Bootssteg auflauern können. Denn was wir taten, war ein wenig wie *Moonshining*, nur dass es nicht wie im Amerika der Prohibitionszeit ums Schwarzbrennen ging, sondern um Aale: Schwarzfischen. Aber alle Gleichaltrigen, die was auf sich hielten, machten es genau-

Autor mit Angelfreund und drei schönen Sommerhechten vor Gartenhecke 1986.

so. Was uns antrieb, war eine Mischung aus Abenteuerlust und Chancenmaximierung bei der Fischjagd.

Damit sich die Aale im Laufe der Nacht nicht vom Haken abdrehten, waren wir nach kurzem Schlaf vor Sonnenaufgang wieder auf dem See. Wie es sich anfühlte, als Kind frühmorgens in ein dunkles Gewässer zu greifen und das gewaltige Zucken eines unsichtbaren Wesens zu spüren, dessen Länge und Gewicht man nur erahnen kann, hat der schwedische Autor Patrik Svensson in seinem *Evangelium der Aale* beschrieben: »Ein Aal versucht nicht, sich loszureißen, wie Hechte es manchmal tun, sondern bewegt sich eher schlängelnd zur Seite, wodurch eine Art saugender Widerstand entsteht.«[1]

Die eigentliche Erfahrung, einen Fisch zu spüren, sollte ich in dieser Zeit jedoch erst mit einem Hecht machen, der auf einen Blinker hereinfiel. Gemessen an der Seitwärtsbewegung der Aale war der Hecht wie ein Orkan und schien einem die Fiberglasrute mit Korkgriff aus den Händen zu schlagen. Der Kampf dauerte nicht lange, denn Hechte sind nicht besonders ausdauernd und verschießen ihr Pulver schnell. Aber die explosionsartige Kraft, mit der ein Hecht das Wasser noch einmal aufpeitscht, bevor man ihn mit dem Kescher landet, war eine andere Liga als die bisherigen Aal- oder Weißfischfänge.

Der Aal konnte fortan laufen, wie er wollte. Er interessierte mich nicht mehr. Was mich interessierte, war das Evangelium der Hechte.

Das Jahr des Hechts

Es ist Frühjahr, seit meinem ersten Hechtfang sind mehr als dreißig Jahre vergangen. Der Holzsteg, den wir damals selbst gebaut hatten, wankt mittlerweile bedrohlich. »O brich nicht, Steg, du zitterst sehr!«, heißt es bei Uhland, und in etwa so fühlt es sich an: Man will auf dem Absatz kehrtmachen. Doch ich verharre und beobachte das Wasser.

Paarung und Laichgeschäft, die in den kalten, nahrungsarmen Wochen viel Energie gekostet haben, liegen nun hinter den Hechten. Anders als Karpfen setzen sie im Herbst kaum Fett an und bleiben so ›trocken‹ und muskulös, wie man sie als Speisefische kennt.

Hechte legen sich mit anderen Worten kaum Fettpolster zu, von denen sie im Winter zehren können. Um Plötzen oder Bleie bei vier Grad Wassertemperatur zu fangen, müssen sie Hochgeschwindigkeitsjäger bleiben, die ihre Beute an Schnelligkeit übertreffen. Als *poikilotherme* Tiere – Wechselwarmblüter, deren Temperatur sich der des Wassers anpasst und nicht gleichbleibend ist wie bei Menschen und Säugern – sind sie zugleich gezwungen, ihre Körperfunktionen zu dimmen. Dies betrifft etwa die Verdauung, die im Winter verlangsamt ist. Sie kann die notwendige Bewegungsenergie daher nicht in der gewohnten Frequenz zur Verfügung stellen.

Die Anpassung der Körperfunktionen an die Umwelt findet zu jeder Jahreszeit statt, auch in den Sommermonaten. So

Wenn die Tage kühler werden und das Wasser in Flüssen und Seen kälter, reduziert der Hecht einige Körperfunktionen, seine Farbe wird blasser. Flusshecht (Lucius fluviat) *aus Conrad Gessners* Thierbuch.

lernt man bereits als Jungangler, dass man Hechten an heißen Juli- und Augusttagen zur Mittagszeit nicht nachzustellen braucht, da diese die Nahrungsaufnahme ab einer Wassertemperatur von zwanzig Grad nahezu einstellen. Sie verhalten sich dann nicht anders als gesättigte, träge Säugetiere (oder Angler). Die Morgen- und Nachmittagsstunden bieten hingegen mehr Aussicht auf Erfolg.

Diese Temperaturabhängigkeit machen sich professionelle Fischer in der Vorlaichfischerei zunutze. Sie fangen die Hechte mit Netzen, wenn diese im Herbst aktiv werden, um die für die Fortpflanzung wichtigen Gonaden aufzubauen, die Keim- oder Geschlechtsdrüsen. Später auch den Rogen. Erst die Kälte bringt beim Hecht den wirtschaftlichen Erfolg: Ein Schönwetterfischer, der es allein auf Sommer-Hechte abgesehen hat, weil er in den ufernahen Restaurants Kundschaft vermutet, überlebt nicht lange.

Stellt man die Vorbereitung auf die Fortpflanzung an den Anfang, dann beginnt das Jahr des Hechts anders als das Kalenderjahr genau jetzt, im Herbst. Es geht weiter mit dem Winter, in denen die Hechte als Einzelgänger ihren im Vergleich zu Rudeljägern wie Zander oder Barsch begrenzten Bewegungsradius noch weiter reduzieren. Man kann sie dann mit etwas Glück durch ein kleines Loch im Eis fangen, anstatt wie sonst auf ausgedehnten Bootsfahrten.

Schließlich kommt das Frühjahr und mit ihm die Hochzeit der Hechte. In diesen Wochen ändern die Fische ihr Sozialverhalten und schwimmen auch in Gruppen. Nicht selten versuchen mehrere Männchen gleichzeitig, den Laich eines Weibchens unter auffälligen Bewegungen der Schwanzflosse zu befruchten.

Die Synchronität von Rivalität, Jagd und Fortpflanzung zehrt an den Tieren, weshalb sie im späten Frühjahr so ausgehungert sind, dass sie auf jeden nur denkbaren optischen Reiz ansprechen. Sie können ähnlich wie Heringe, die in großen Schwärmen an die Küsten der Nord- und Ostsee kommen, buchstäblich auf einen blanken Haken gefangen werden. Kopflos und ohne jedes Gefahrenbewusstsein sprechen sie auf alles an, was man ihnen vors Maul hält, sei es nun silber-, messing- oder kupferfarben.

Wer diesen Moment einmal erlebt hat, in dem das Adrenalin des Anglers das des Hechtes sogar übertrifft, wird ihn nicht vergessen. Und mit etwas Glück im steigenden Jahr wiederholen.

Arten und Vorkommen

Hechtfische (*Esocidae*) gehören zur großen Gruppe der Knochenfische (*Teleostei*, im Gegensatz zu den Knorpelfischen, den *Chondrichthyes*), die weltweit rund 31 800 Spezies zählt, darunter auch Lachse und Heringe. Es ist davon auszugehen, dass die Hechte sich zunächst in Nordamerika aus heringsähnlichen Fischen entwickelten und später Nordeuropa besiedelten. Sowohl in Nordamerika als auch in Europa besitzen Hechte mit den Hundsfischen (*Umbra*) bis heute kleinere Verwandte, die in dieser Abhandlung aber keine Rolle spielen werden.

Hechte kommen in allen Gewässertypen des Süß- und Brackwassers nördlich des 25. Breitengrades vor, in West- und Osteuropa ebenso wie in Asien und Nordamerika. Man nennt sie darum auch *mesotherme* Süßwasserfische – Liebhaber der kühlen ebenso wie der gemäßigten und wärmeren, nicht aber warmen Zonen bis zu einer Höhe von rund 1600 Metern. Anders als Barsche, Zander oder Maränen schwimmen sie nicht im Mittelwasser, sondern zumeist in der Uferregion eutropher Seen, auch Überschussseen genannt, in denen Pflanzennährstoffe im Überfluss vorhanden sind.

Mit Ausnahme der Pyrenäenhalbinsel leben Hechte überall in unseren Breiten, in Polen nicht anders als in Russland, Schweden oder England. In Deutschland kommen sie auch in Haff-Gewässern und Bodden vor – dort, wo sich Süß- und Salzwasser bis zu einer Salinität von rund einem Prozent mischen.

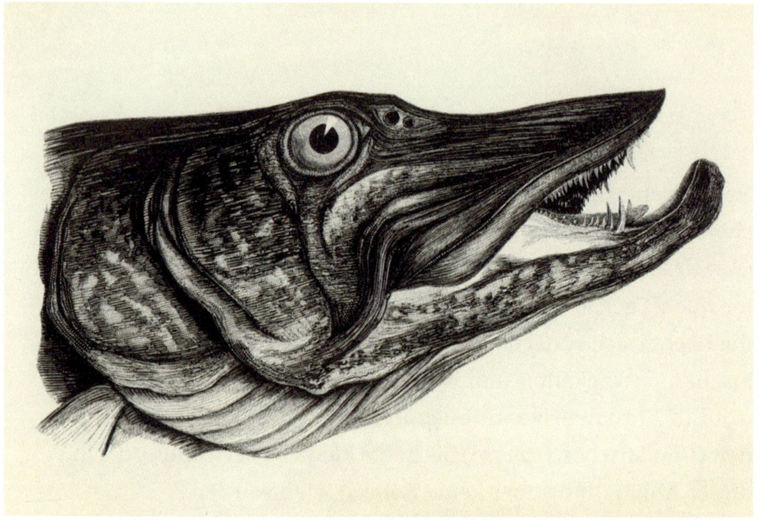

Das Maul des Hechts ist mit scharfen Zähnen besetzt. Mit ihnen rückt er nicht nur Fischen und Fröschen, sondern auch kleinen Säugern zu Leibe.

Höhere Salzkonzentrationen meidet der Hecht. Man geht davon aus, dass er ansonsten erblindet.

Ursprünglich war der Hecht gar nicht im Brackwasser beheimatet. Er war ein Fisch der Oberläufe von Flüssen wie der Donau, bis er stromabwärts in die Unterläufe schwamm, und von dort aus in Richtung der Flussmündungen. Nun lebt er vor allem in stehenden Gewässern, die weder durch Staustufen von Wasserkraftwerken noch durch Begradigungen der Ufer und übermäßigen Schiffsverkehr gekennzeichnet sind. Als »überaus gefräßiger Standfisch mit ausgeprägtem Territorialverhalten« (Wolfgang Zeiske) fühlt sich der Hecht an festen Plätzen mit genügend Schutzmöglichkeiten, etwa durch überflutete Büsche, umgestürzte Bäume oder große Steine, wohl – sehr zum Leidwesen der Angler, die an solchen Stellen oft ihre besten Köder durch ›Hänger‹ einbüßen.

Der Hecht ist der vielleicht charakteristischste Süßwasserfisch unserer Breiten, was sein Äußeres anbelangt. Sein imposantes Farbenspiel entsteht durch die Schattierungen von rund 15 000 Einzelschuppen, sogenannten Rundschuppen. Sie werden komplettiert durch sieben Flossen, zwei an den Kiemen, zwei an der Bauchunterseite, eine am After, eine am Rücken – und natürlich die kräftige Schwanzflosse.

Vor allem das entenschnabelartig abgeflachte Löffelmaul mit dem leicht vorstehenden Unterkiefer hat einen hohen Wiedererkennungswert, es ist relativ lang und lässt sich sehr weit öffnen (in manchen Mundarten des Niederdeutschen wird der Hecht deshalb auch ›Schnuck‹, ›Snöck‹, ›Häk‹, ›Heekt‹, ›Hengste‹ oder ›Schnäbele‹ genannt). Neben einigen großen Fangzähnen weist es viele kleine Zähnchen auf, mit denen der Hecht seine Beute sicher fassen kann. Man nennt sie Bürsten- oder Hechelzähne, und jeder Hecht hat rund 600 von ihnen. Hechte sind dadurch so etwas wie die Wundärzte der Seen und Teiche.

Erwähnenswert erscheint auch die Klassifizierung in drei Hecht-Typen bezüglich ihrer Aufenthaltsorte: Makrophyten-Hechte (also Kraut- und Wasserpflanzen-Hechte), Schilfhechte und – den Menschen nicht unähnlich – sogenannte Habitat-Opportunisten, die sich ihrer Umgebung beständig anpassen.

Man unterscheidet die Hechtfische darüber hinaus in sieben verschiedene Arten, wobei der bislang behandelte Nordische oder Europäische Hecht (*Esox lucius*) gewissermaßen den

Prototypen darstellt, also den am häufigsten vorkommenden Typus, an den sprichwörtlich jedes Kind denkt, wenn es den Namen Hecht hört:

- der Südliche oder Italienische Hecht (*Esox cisalpinus*);
- der in Nordamerika vorkommende Muskellunge (*Esox masquinongy*), auch Muskie genannt;
- der gemessen am Muskie kleinwüchsige Amerikanische Hecht, der im östlichen und mittleren Nordamerika in zwei Unterarten vorkommt: als Rotflossenhecht (*Esox americanus*) und Grashecht (*Esox americanus vermiculatus*);
- der ebenfalls in Nordamerika lebende Ketten- oder Schwarzhecht (*Esox niger*);
- schließlich der im weit verzweigten Amur-Flusssystem im nördlichen Asien lebende Amurhecht, der in den 1960er Jahren auch in Pennsylvania eingeführt wurde (*Esox reichertii*).[2]

Der nordamerikanische Muskellunge – welch kurioser Name, zumal mit männlichem Artikel – ist die weltweit größte Hechtart, gefolgt vom Nordischen Hecht, wobei es viele Hybride unter den Hechten gibt, also Kreuzungen von Muskellunge und Nordischem Hecht, von Amurhecht und Muskellunge und so weiter.

Geopolitisch könnte man pointieren: Die USA und Europa dominieren die Vielfalt und Anzahl der Hechtfische. Ich vertrete hierbei die These, dass große Hechte zwar grundsätzlich auch in von Seerosen und Krautbänken durchzogenen Teichen leben, denen sie zusammen mit den Schleien die Bezeichnung »Hecht-Schlei-Seen« gegeben haben. Besonders starke und

Getigert, gestreift, punktet – zarter und kräftiger: Die Vielfalt der Färbungen von Hechtfischen im direkten Vergleich (von oben nach unten) zwischen Muskellunge, Kettenhecht (Exemplar aus dem Hudson River, Bundesstaat New York), Nordischem Hecht und Kettenhecht (Exemplar aus Massachusetts)

auffällig gezeichnete Europäische Hechte gibt es aber vor allem dort, wo es kälter ist und das Wasser rauer: im Norden Deutschlands, in England, Schweden, Finnland, Russland.

Der Hecht ist geografisch wie kulturell mit anderen Worten kein Fisch des Dolce Vita und Savoir-vivre. Er erinnert in seiner ganzen Gestalt eher an Kreuzritterzüge und die frühmittelalterliche Christianisierung im Lande der Obotriten. An Nebelschwaden, Rabenvögel und die letzten Rauchsäulen vom Lagerfeuer Fürst Borwins im Morgengrauen an der Warnow. Dabei ist er wie gesehen viel, viel älter.

Dass der heutige *Esox* prähistorische Vorgänger hat, lässt nicht nur sein knochiges Maul erahnen, sondern das beweist auch die Paläontologie. Versteinerungen und andere Funde belegen die Existenz von Urzeithechten, auch wenn diese ein deutlich längeres Maul aufwiesen und im Körperverhältnis eher den Hornhechten ähnelten. In Kanada wurde ein fossiler Hecht gefunden, der 56 Millionen Jahre alt war und als *Esox tiemani* bezeichnet wurde, erst 1980 benannt nach Bert Tieman, der die Versteinerung beim Anlegen eines Weges zu einer Erdölbohrung entdeckte. Im Magen des Hechts fand man Reste seiner letzten Mahlzeit, das Rückgrat eines Beutefisches.

In Fred Bullers bekanntem Hecht-Buch *Pike and the Pike Angler* ist überdies von einem *Esox papyraceus* sowie einem *Esox lepidotus* die Rede, die vor 30 beziehungsweise 20 Millionen Jahren gelebt haben sollen. Zudem existieren Abbildungen von Hechten auf Tierknochen, die vor 17000 Jahren im Jungpaläolithikum von Höhlenbewohnern im heutigen Frankreich angefertigt wurden. In den Sedimenten der Nordsee, die während der Steinzeit zu weiten Teilen trocken lag, fand man

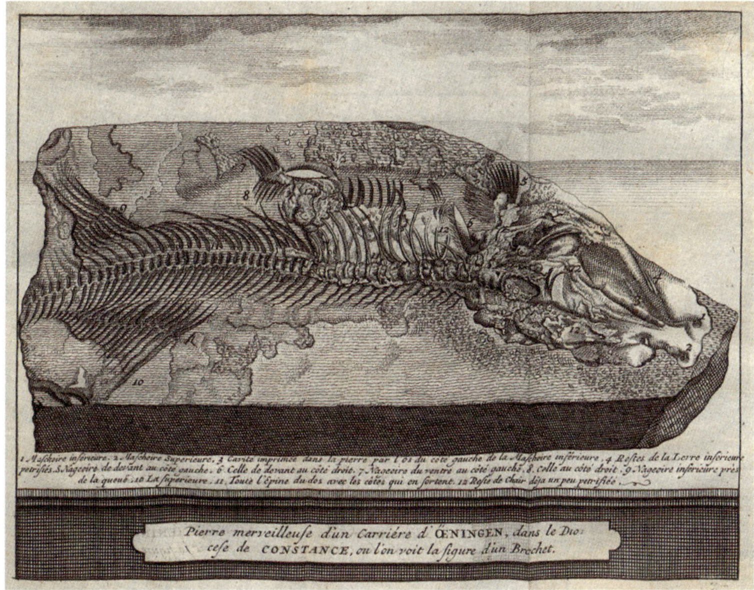

Versteinerung aus einem Steinbruch in Öeningen nahe Konstanz, welche die Gestalt eines Hechtes zeigt.

Hecht-Unterkiefer, und in Abfallgruben aus dieser Zeit stößt man bei Grabungen noch immer auf Hechtgräten.[3]

Blickt man auf die Gestalt der heute bekannten Arten, so variieren insbesondere die Amerikanischen Hechte nicht nur stark gegenüber dem Europäischen Hecht, sondern auch untereinander zum Teil recht deutlich hinsichtlich ihrer Farbgebung, wie schon Henry David Thoreau in *Walden* (1854) beim Anblick von Grashechten bemerkte. Dass er diese so detailliert beschreibt, ist Ausdruck eines starken optischen Reizes, den

Hechte immer schon auf Betrachter hinsichtlich ihrer Form, vor allem aber auch ihrer Färbung ausgeübt haben. Sie hat wie im vorliegenden Beispiel zu einer regelrechten Ästhetisierung beigetragen, die es so bei den meisten anderen nordischen Fischarten mit Ausnahme der Salmoniden nicht gibt:

> *Ich habe einmal, der Länge nach auf dem Eise liegend, wenigstens drei verschiedene Arten dieses Fisches beobachtet: einen langen, schmalen, stahlfarbigen, der mit dem Flußhecht viel Ähnlichkeit hatte, einen hellgoldenen, mit grünlichen Reflexen, der ganz in der Tiefe schwamm, er gehört zu der Art, die hier am häufigsten ist, und einen dritten, goldfarbigen, der wie der zweite gebaut war, aber an den Seiten kleine dunkelbraune oder schwarze Flecken aufwies, die, ähnlich wie bei der Forelle, mit blutroten Tupfen untermischt waren.*[4]

Nicht nur der ihn betrachtende Mensch: Der Hecht, um auf dessen wichtigstes Sinnesorgan zu sprechen zu kommen, ist selbst ein Augentier, was nicht für alle Raubfische typisch ist. Aale oder Welse etwa verlassen sich bei der Jagd im Dunkeln und dem Aufspüren von Aas vor allem auf ihren Geruchssinn. Die großen Augen des Hechts, die ein erstaunliches Sehvermögen aufweisen, fallen selbst durch spiegelndes Wasser im Verhältnis zum Kopfumfang auf; auch verglichen mit allen anderen heimischen Fischen, man denke wie gerade angedeutet nur an die stecknadelkopfgroßen Augen des Aals. Obwohl sie nicht beweglich sind, entgeht ihnen angesichts eines horizontalen Sichtbereichs von 180 Grad und eines vertikalen von 150 Grad kaum etwas. Zudem kann der Hecht von einer Nah- auf eine Fernperspektive umschalten wie eine moderne Autofokus-Kamera, was ihm eine Sehschärfe von bis zu zehn Metern ermöglicht. Selbst in mehr oder minder klarem Seewasser. Man bezeichnet den Hecht darum nicht nur als Lauerräuber, sondern auch als Sichträuber. Ihn nach Anbruch der Dunkelheit an die Angel zu kriegen, ist deshalb ein schwierigeres Unterfangen. Zumal dann, wenn man ihn mit dunklen Gummifischen anzulocken versucht anstatt mit einem silbernen Spinner oder Blinker, die das verbleibende Tageslicht besser reflektieren. Sobald die Sonne untergegangen ist, hilft einem auch der KOPYTO 6 RELAX nur noch bedingt weiter, wie ein besonders gängiger Gummifisch heißt, auf den Profis schwören.

Ein im Flachwasser stehender Hecht ist für mich bis heute – daran haben die vielen Stunden am See seit den frühen Achtzigern nichts geändert – ein kleines Naturschauspiel. Spontan baut man als Betrachter eine Beziehung zu einem noch vor zwei Minuten nicht vermuteten Wildtier auf, so auch an diesem Frühlingsmorgen. Die Rückenflosse des Hechtes bewegt sich leicht, sie liegt der an der Bauchseite angeordneten Afterflosse genau gegenüber. Auch sie ist wie das Maul und die Hechelzähne der Hechte somit eine Besonderheit. Mit Ausnahme des im Meer lebenden Hornhechtes, der nicht zu den Hechtfischen zählt, sondern zu den Barschverwandten (*Percomorphaceae*), gibt es keinen einheimischen Fisch, bei dem die Rückenflosse so weit hinten steht! Zusammen mit der kräftigen Schwanzflosse verleiht sie dem Hecht ein spindel-, ja, torpedoähnliches Äußeres, indem sie den schmalen Körper noch länger gestreckt wirken lässt.

Dieser Körperbau ermöglicht es auch einem im Wasser ruhenden Hecht, urplötzlich davonzuschießen und Geschwindigkeiten von bis zu 40 Kilometern in der Stunde zu erreichen. Das entspricht zwar nicht einmal der Hälfte dessen, was die schnellsten Fische der Welt zu schwimmen imstande sind – karibische Segelfische und Marline, zentnerschwere Großtiere aus Hemingways *Der alte Mann und das Meer*. Aber immerhin bewegen sich Hechte damit deutlich schneller als alle ihre Beutefische, was sich evolutionsbiologisch als Vorteil erwiesen hat. Und doch geht man fehl in der Annahme, ein einzelner Hecht beherrsche einen Wasserabschnitt uneingeschränkt und habe keine Feinde, vor denen er sich in Acht nehmen müsse. Witterung, Wasservögel, aber auch Artgenossen, Berufsfischer und Angler setzen ihm zu, machen den Jäger zum Gejagten.

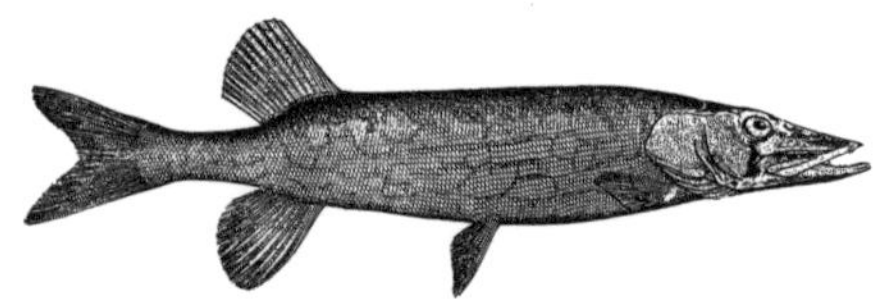

Gefahren und Gegner

Die Sonne hat bereits Kraft an diesem Frühlingsmorgen. Meisen hüpfen zwischen Ästen hin und her. Inmitten von Pflanzenresten sieht man Ketten von Froschlaich, ein Gelee-Teppich mit schwarzen Punkten, die an Wassermelonenkerne erinnern. Leise ist das Plätschern eines Rinnsals zu hören, das vom Hang kommend in den See läuft.

Unter den Bohlen unseres Stegs, im knietiefen Wasser zwischen Schilf und Morast, mögen nun Hunderttausende, vielleicht Millionen von Hechteiern schlummern. Nur aus einem Bruchteil von ihnen werden Junghechte heranwachsen, die das Alter erreichen, um selbst einmal Nachkommen zur Welt zu bringen. Dies wird in ihrem dritten Lebensjahr geschehen, wenn sie bis dahin nicht von einem Angler gefangen oder von einem Artgenossen gefressen wurden. Schon in *Brehms Thierleben* heißt es: »Von den Jungen findet ein guter Theil in dem Magen älterer Hechte sein Grab, ein anderer, vielleicht kaum geringerer, fällt den Geschwistern zum Opfer.«[5]

Die Hechte sind zum Zeitpunkt ihres ersten Laichens 30 Zentimeter lang, also noch relativ klein. Man nennt sie in diesem Lebensabschnitt darum auch Grashechte, was nichts mit einer Unterart des Amerikanischen Hechts gleichen Namens zu tun hat, von der eben bei Thoreau die Rede war. Die Bezeichnung ist vielmehr eine Anspielung auf ihre hellgrüne Färbung, die im Laufe der Zeit ins Bräunlich-Olivgrüne wechselt. Wären sie

Hechtweibchen, sogenannte Rogner, heften ihre Eier, die anschließend von den Milchnern befruchtet werden, ausschließlich an Pflanzen. Man nennt sie deshalb phytophile *Fische.*

Menschen und hätten abstehende Ohren wie ich damals, würde man die jungen Hechte wohl als ›grün hinter den Ohren‹ bezeichnen. Oder als Greenhorns.

Nur eines von zehn Eiern, die das Hechtweibchen ablegt (man spricht bei Hechten konsequent in der männlichen Form von ›Rognern‹) und aus denen im Idealfall nach zwei Wochen Kleinstfische schlüpfen, wird beim imposanten Laich-Akt unter lautem Plätschern und Schlagen von den Hechtmännchen (den ›Milchnern‹) überhaupt befruchtet. Der Rest stirbt ab und wird von Kleinfischen oder Krebsen gefressen, die vom Liebesspiel angelockt wurden.

Als Faustformel gilt, dass auf jedes Kilogramm Lebendgewicht des Rogners rund 30 000 Eier kommen, eine stattliche Zahl bei durchschnittlich zwei bis vier Kilogramm Körpergewicht, die Hechte in unseren Breiten auf die Waage bringen!

Ein Großteil des befruchteten Laiches wird anschließend erneut einer Schicksalsprüfung der Natur unterzogen und durch extreme Temperaturen, Stürme, Schnee oder Hagel vernichtet – der Preis, den Hechte dafür zahlen, im Winter zu laichen. Man schätzt, dass auf diese Weise Jahr für Jahr 95 Prozent des Laiches kaputtgehen.

Je härter der Winter ist und je länger er dauert, desto später erwärmt sich das Wasser. Dies kann zur Folge haben, dass sich der Laichbeginn bis in den Mai hinauszögert, während er nach milden Wintern bereits im Februar einsetzt. Das Laichgeschäft der Hechte ist damit wie eine Parabel auf die Natur, die wir gern als stabil und linear ansehen, wenn sie sich frei von menschlichen Einflüssen entfalten kann: Alles ist fein austariert und aufeinander abgestimmt. Und doch alles andere als konstant und vorherbestimmbar.

Hechte sind nicht nur Winterlaicher, die bei einer Wassertemperatur von 5 bis 7 Grad Celsius optimale Bedingungen vorfinden, sondern auch Haftlaicher, was zunächst etwas dubios nach Deutschrap-Slang und Gefängnis klingt. Diese Bezeichnung geht allerdings darauf zurück, dass Hechte den Laich zum Schutz vor der Strömung an fest verwurzelte Wasserpflanzen heften. Während Lachse und Forellen ihre Eier in Gruben im Kiesbett der Flüsse vor dem Forttreiben bewahren, greifen Hechte ausschließlich auf grüne Pflanzen zurück. Man nennt sie darum auch *phytophile*, pflanzenliebende Fische, was für eine als besonders räuberisch geltende Art doch eine schöne Ironie der Biologie ist!

Aus diesem Grund, der Inanspruchnahme von aller Art Grünzeug zur Fortpflanzung und Jagd, bevorzugen Hechte wie bemerkt das ruhige, nicht zu stark fließende Wasser von natürlichen Binnenseen, Stauseen an Talsperren und stillen Flussarmen. An den Küsten der Haff- und Boddengewässer sind sie auf Siele und Laichwiesen in der Uferregion angewiesen, was angesichts der Trockenlegung landwirtschaftlicher Flächen schwieriger geworden ist.

Kein Zweifel: Lebensräume von Tieren und Pflanzen sind seit jeher durch den Menschen geprägt, bisweilen auch gefährdet, dies ist keine Entwicklung der Gegenwart. Aber die Trockenlegung von Überschwemmungswiesen ebenso wie die Begradigung von Ufern oder die Verklappung von kleinen Kanälen, die sich einstmals durchs Schilf zogen, haben dem Hecht über die Jahre zugesetzt. Denn er kommt in diese schlechter zum Laichen hinein.

Weniger wegen der mancherorts spät einsetzenden gesetzlichen Schonzeit ab März, sondern ganz generell sind auch die allein in Deutschland auf rund vier Millionen geschätzten Angler zu einem zweiten Systemfaktor in der Welt der Hechte geworden. Die Schonzeiten der Bundesländer, die im Falle der Lachsfische, also Forellen, Meerforellen, Saiblinge, Äschen, bis zu einem halben Jahr andauern können und bei Barben in der Donau sogar das ganze Jahr, sind hier viel kürzer. Mancher meint: weil Hechte beliebte, in ihrer Population stabile Angelfische sind, die selbst viel Fisch fressen.

Diese Zeitkorridore richten sich allerdings in erster Linie nach der Knappheit der Gewässer und weniger nach der Physiologie der Hechte. Pi mal Daumen gilt: Wo viel Wasser existiert wie etwa in Mecklenburg-Vorpommern, sind auch die Schonzeiten in Binnengewässern im Vergleich zu wasserärmeren Bundesländern wie Niedersachsen oder Bayern kürzer beziehungsweise ganz aufgehoben.

Es lässt sich daher kaum vermeiden, dass Angler bisweilen ›volle‹ Rogner am Haken haben. Manchmal sogar noch im Mai, wenn die Tiere nach einem harten Winter vorher nicht zum Ablaichen gekommen sind. Man erkennt die Weibchen mit ihren gefüllten Bäuchen dann schon im Wasser. Sie sind größer und werden älter als die Männchen. In Gefangenschaft liegt das Höchstalter bei dreißig Jahren.

Stärker jedoch als die verkürzten Schonzeiten setzt der Strukturwandel in der Fischereiwirtschaft den Hechten zu, der jenem in der Landwirtschaft vergleichbar ist, wie in einem späteren Kapitel noch genauer beleuchtet wird. So hat sich das Geschäftsmodell vieler Fischereibetriebe dahingehend verändert, dass man neben dem Fischfang zunehmend die professionelle Vermarktung von Angeltouren mit Tages-, Wochen- oder Jahreskarten, Guides und Übernachtungsmöglichkeiten samt Verpflegung als Kerngeschäft betreibt.[6] Das erhöht den Druck auf den Hecht, gerade weil er ein so attraktiver Angelfisch ist, während sein Stern als Speisefisch seit Jahren im Sinken begriffen ist. Nicht wenige Jäger lieben vor allem die Jagd, weniger die Beute. Doch auch dazu später mehr.

Mit Blick auf die Entwicklung der Hechtpopulation kommen heute als dritter Systemfaktor auch Umwelteinflüsse zum Tragen, die der Mensch, beseelt von jener Kraft, die stets das Gute will, aktiv begünstigt. So hat der Kormoran in den Flachwasserzonen der Küstenregionen keine große Mühe, neben diversen anderen Fischen wie Barschen, Plötzen oder Stichlingen,

Gemessen an anderen Fischarten fressen Kormorane deutlich weniger Hechte. Dennoch sind deren Bestände mancherorts durch die auch See- oder Meerraben genannten Vögel bedroht.

die in Schwärmen auftreten, auch kleinere Hechte zu fangen. Selbst wenn der Fraßdruck des Kormorans bei Hechten im Vergleich zu genannten Fischarten geringer ist, da er diese besser jagen kann, frisst ein einzelner Kormoran, auch Seerabe genannt, an einem Tag durchschnittlich ein halbes Kilogramm Fisch, darunter auch viele Beutefische des Hechtes.

Angesichts solcher Mengen kann man sich ausmalen, was eine nahegelegene Kolonie oder größere Gruppe mit zwanzig, einhundert oder mehr Vögeln für den lokalen Fischbestand bedeutet.[7] Zumal dann, wenn sich die Hechtbestände im Winter eigentlich vergrößern sollen, weshalb man sie mancherorts gesetzlich vor Anglern schützt. Gerade in dieser Zeit ist auch der Energiebedarf der Kormorane höher als in den warmen Monaten. Schätzungen zufolge entnehmen Kormorane den Gewässern bis zu 30 Prozent der gesamten Bestandsbiomasse an Fischen. Oder anders ausgedrückt: Kormorane fressen in den Boddengewässern 2000 Tonnen Fisch pro Jahr. Das ist doppelt so viel, wie Angler dort fangen – und halb so viel wie kommerzielle Fischer.[8]

Der Mensch greift somit nicht nur in die Natur ein, indem er Lebensräume von Pflanzen und Tieren baulich beeinflusst oder das Einschleppen von Pilzsporen oder Viren durch Mobilität und Logistik begünstigt. Er greift auch dadurch in die Natur ein, dass er einzelne Arten unter Schutz stellt, deren anwachsende Populationen anderen Arten das Leben erschweren.

Ein besonders polarisierendes Beispiel hierfür ist die Rückkehr des Wolfes. So reißen Wölfe zwischen Brandenburg und der Lüneburger Heide, aber auch in Süddeutschland und Österreich mittlerweile mehrere Tausend Herdentiere pro Jahr.

Dennoch sieht mancher in der Rückkehr einstmals vertriebener Wildtiere eine Art Wiedergutmachung an der Natur – eine moralische Rehabilitation, die in ihrem Ausblenden negativer Folgen der Wiederansiedlung von Raubtieren inmitten von Kulturlandschaften tatsächlich Züge eines fatalen Natur-Verkennens trägt. Die amerikanische Biologin Elizabeth Kolbert nennt das die außer Kontrolle geratene Kontrolle der Natur. Sie bezeichnet Arten, die, nachdem sie vertrieben und wieder zurückgebracht wurden, in einer völligen Abhängigkeit von den Menschen stehen, darum als »Stockholm-Spezies«.[9]

Auch der Kormoran, einst vom Aussterben bedroht, leidet im übertragenen Sinne am Stockholm-Syndrom. In Mecklenburg-Vorpommern gibt es nicht nur vergleichsweise viele invasive Arten wie Waschbären und Marderhunde, die Niederwild und Bodenbrütern zusetzen. Hier brüten auch die mit Abstand meisten Kormorane in Deutschland: rund 15 000 an der Zahl, nahezu die Hälfte aller deutschen Brutpaare, deutlich mehr als in Schleswig-Holstein, Niedersachsen oder Bayern. Zusammen mit den Jungtieren addiert sich die Zahl der Kormorane dabei schnell auf das Fünffache, was zu einem immensen täglichen Fischbedarf im Tonnenbereich führt. Insider spotten: mehr, als es die EU-Fangquote den örtlichen Fischern zugesteht.

Wir können Seen und Flüsse verglichen mit den von Chemie-Skandalen durchzogenen Siebzigern oder Achtzigern heute wirksamer schützen, indem wir stärker auf Zuleitungen und Nitrate achten – und Fischen dennoch durch den Artenschutz zusetzen. Dies erlebt auch der neben dem Hecht, Zander und Wels vierte große Raubfisch Zentraleuropas, der Huchen. Wer ihn einmal einem Wobbler hinterherjagen sah, mag entgegen

Wolf des Wassers: So bezeichnete man den Hecht, als die Namenspatronen – die Wölfe – in ihrem Bestand noch nicht als gefährdet galten. Gemälde von Max Pechstein, 1936.

aller Rationalität dem Eindruck erliegen, ein Ungeheuer sei vom Grund emporgestiegen. Doch auch dieser Räuber hat Feinde, die nicht weniger zimperlich vorgehen als der Kormoran. Fischotter, die sich als geschützte Art an der Isar wieder vermehren, töten Barben, aber auch laichende Huchen nicht aus Hunger, sondern aus Instinkt, sie kauen an ihnen herum, um sie anschließend unverzehrt liegen zu lassen. Biologen gehen davon aus, dass die Angriffe der Fischotter selbst auf große Huchen primär Jagdübungen der Jungtiere darstellen.

Genau wie es einige Säugetiere mittlerweile in die Städte zieht, wo sie Unterschlupf und Nahrung finden, begegnet man vielen Fischarten darum unter Brücken und in der Nähe von Häusern, in denen es laut zugeht und vor denen Menschen zu sehen sind, die im Wortsinne zu Vogelscheuchen werden. Auch auffällig gezeichnete Saiblinge sind hier, so absurd es klingt, oft besser als draußen im Freiwasser vor Kormoranen oder Gänsesägern geschützt.

Und so ist der vom Menschen gestaltete urbane Raum für viele Arten die bessere Alternative zu ihrem ursprünglichen Lebensraum, der aus vielfältigen Gründen auf einmal unwirtlich erscheint; nicht zuletzt wegen der genannten Wasservögel, zu denen man Reiher noch hinzuaddieren muss. Für Hechte besteht diese Möglichkeit einer Adaption an urbane Habitate nur bedingt, zumal sie neben Flüssen vor allem in Seen beheimatet sind, die sie schlicht nicht verlassen können. Vielleicht erweisen sie sich gerade deshalb als eine erstaunlich robuste Art im Wandel der Zeit, die stets eine große Faszination auf den Menschen ausübte.

Bilderwelten

Das Holz des Bootsstegs, an dem es kaum noch Bootsanlegeplätze gibt, ist vermoost und rutschig wie Schmierseife. Nach einigen Schritten entdecke ich im Schilf die Überreste eines verwitterten Ruders. *Meines* Ruders. Früher gehörte es zu unserem Plastikkahn der Marke Anka, dem Standardmodell aller Datschen und Bootsverleihe, wahlweise in Ocker, Korallenrot oder Grün. Da irgendwann niemand mehr rausfuhr, weil der Kanal zum See mit Wasserpest zuwucherte, diente uns das Ruder kurzerhand als Stütze eines bedachten Unterstands im Schilf. Dieser Unterstand war fortan nicht nur der perfekte Ort zum Angeln, sondern auch Schauplatz großer Gespräche und erster Zigaretten in der Dunkelheit. Nicht selten liefen dazu *Monarchie und Alltag* von den Fehlfarben oder das Tape einer Indierock-Band mit dem sinnigen Namen Eklige Fische, in der mein Stiefbruder Bass spielte.

Als ich das Ende des Bootsstegs erreiche, bleibe ich wie versteinert stehen: Im Flachwasser neben mir lauert ein Hecht! Er ist nicht sehr groß, ein knapper Vierpfünder, vielleicht sechzig Zentimeter lang, die für unseren See gängige Größe. Aber dafür ist er auffällig marmoriert mit Pigmentkontrasten zwischen Oliv und Gelbgrau. Es durchfährt mich wie ein Stromstoß, und sofort ist sie wieder da: die für Nichtangler schwer verständliche Nervosität, in die sich Naturbegeisterung und Jagdfieber mischen! Urplötzlich schaltet der Körper in einen Modus des

Bis zu 40 Kilometern in der Stunde können Hechte schwimmen – schneller als alle ihre Beutefische wie Barsche oder Plötzen, aber auch Forellen und Stichlinge.

Beutetriebs, den er vor Äonen erlernt haben mag und auch im Zeitalter der Supermärkte und digitalen Bringdienste nicht vollständig abgelegt hat.

Deutlich ist neben der Rückenzeichnung auch die helle Bauchseite des Hechtes zu erkennen, die messingfarben schimmert. Beide Färbungen haben eine wichtige Funktion für einen Jäger, der wie gesehen immer auch ein Gejagter ist: Aus der Luft ist der Hecht durch seinen dunklen Rücken für Kormorane oder Fischadler schwerer auszumachen zwischen Schilfrohr oder Seerosen. Die helle Bauchseite hingegen dient als Tarnung gegenüber seiner Beute, den tiefer schwimmenden Kleinfischen.

Diese Bemerkung mag Nichtangler überraschen, aber die individuelle Färbung eines Fisches, das Leuchten oder eher matte Schimmern der Schuppen und Flossen, der Rotton der Kiemen, der Glanz der Augen, sind für Angler alles andere als eine Nebensache, sie können über den Rang eines Fanges entscheiden. Es geht nie ausschließlich um Länge und Gewicht, sondern auch um die Ästhetik eines Fisches, die nicht selten Ausdruck seiner Gesundheit ist und mit seinen Bewegungen oder seiner Lebhaftigkeit korrespondiert.

Wenn man Fischen nachstellt, kann man deshalb nicht anders, als sie optisch zu vermessen, anhand von Formen und Maßen zu urteilen. Bereits als Jungangler will man das, was man erlebt, irgendwie einordnen, die einzelnen Fänge in eine Systematik bringen. Seit vielen Jahren führe ich darum ein Fangbuch, das mir heute als eine Art Chronik oder Timeline dient, ähnlich wie es Bergsteiger oder Taucher tun mögen. Mein erster Eintrag beginnt, wie könnte es anders sein, mit einem Hechtfang an unserem See. Folgende Dinge hielt ich fest: Datum, Zielfisch,

Größe, Köder, Färbung, Wetter, Ort: »11. Juli 1985 – Hecht (*Esox lucius*) – 65 cm – Heintz-Blinker, nachdem Köderfisch erfolglos (Karausche, *Carassius carassius*) – stark gemustert – Himmel bedeckt – südliche Schilfkante Höhe Kanal.«

Warum führt jemand ein Fangbuch? Warum hängen sich Jäger Geweihe oder Abwurfstangen von Böcken an die Wand und Angler Fischköpfe? Sind die Präparate Trophäen wie Caravaggios *David mit dem Haupt des Goliath*, Skalps in Indianerfilmen, Schrumpfköpfe in Indonesien – Zeichen des Triumphes über einen ultimativ besiegten Gegner? Oder handelt es sich im Falle von Jägern und Fischern vor allem um den Ausdruck einer Auseinandersetzung, deren nicht alltäglichen Stellenwert man durch das Präparieren unterstreicht?

In den Achtzigern waren wir oft bei meinem Onkel auf Rügen und sahen dort Angler, die am Jasmunder oder Kubitzer Bodden im Vergleich zu unserem See wirklich kapitale Hechte vom Boot aus fingen. Die Finnhütte, in der wir schliefen, war bis zur Decke voll mit diesen Hechttrophäen: mit Formalin behandelte Köpfe mit aufgerissenen Mäulern, die durch die anschließende Lackierung aussahen, als seien sie mit Honig oder Ahornsirup überzogen worden. Sie warfen furchteinflößende Schatten, sobald die Kerzen und Petroleumlampen brannten. Aber sie waren auch Sinnbild des Wunsches, eine sehr kurze Verbindung zwischen Angler und Fisch für immer festzuhalten. Zumal in einem Jahrzehnt, in dem Fotos noch nicht so verbreitet waren wie im Digitalzeitalter.

An diesem sehr ursprünglichen Wunsch, für einen Moment tiefer einzutauchen in die Natur und diesen Augenblick an-

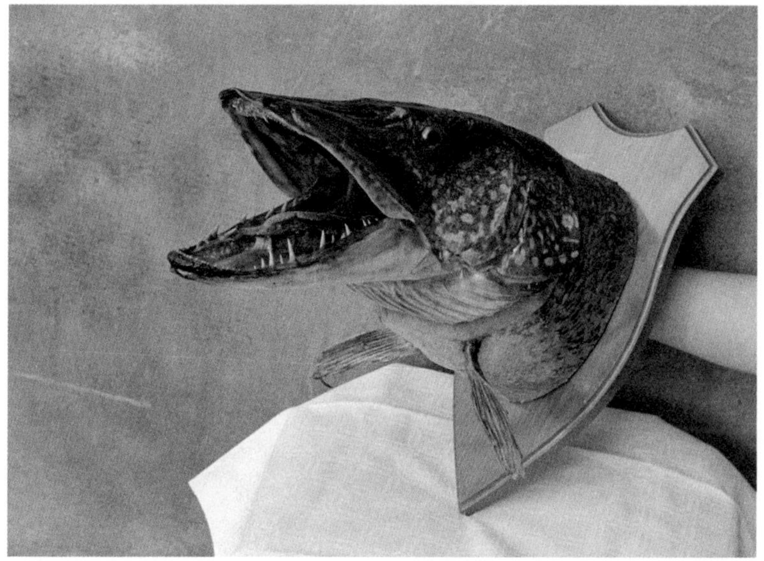

Das Ziel vieler Angler von jeher: Trophäe eines kapitalen Hechts aus dem Bodensee, in der Fußacher Bucht gefangen.

schließend zu konservieren, hat das moderne Leben mit seinen virtuellen Optionen der Naturerfahrung nichts verändert. Vielleicht hat es ihn im Gegenteil noch verstärkt, wie man am Zuspruch auch für das Tauchen, die Jagd und viele Outdoor-Aktivitäten ablesen kann.

Am See angekommen, achtet man daher wie ein Trapper auf die Zeichen der Umgebung, auf Witterung, Gerüche, das Schilpen der Vögel, auf Farbtöne und Schattierungen des Wassers. Jede Fahrt mit dem Auto oder der Bahn vorbei an einem Tümpel oder Graben lässt den Angler sekundenschnell das

Wasser und die Ufervegetation abscannen. Dort, unter den Weiden, könnte das Versteck eines kapitalen Zanders sein! Oder hier, im Gumpen, den die Strömung in Jahrmillionen aus dem Flussbett herausgewaschen hat, das Jagdrevier einer alten, in der Natur geborenen Bachforelle! Der Außenstehende sieht nur eine Wasseroberfläche, der Angler die ganze Welt darunter. Und womöglich schulden wir der Fotografie sogar einiges bei dem Wunsch, eins zu sein mit der Natur. Denn erst die Technik lässt uns – nicht anders als bei harmonisch erscheinenden Formen der Milchstraße, die man mit dem Hubble Weltraumteleskop erkennt, oder atomaren Strukturen unter dem Elektronenmikroskop – Wohlgestalt und Farben bewundern, indem sie die von der Natur gesetzten physikalischen Grenzen des Erfassens mit dem bloßen Auge überwindet.

Angeln, auch und gerade auf den Hecht, ist darum nicht weniger als eine große Schule der Sinne, die weit mehr als nur den Fisch in den Blick nimmt. Zugleich ist es der ideale Nährboden für Fantastereien und Übertreibungen aller Art, die man Erwachsenen sonst nicht so anstandslos durchgehen lässt. Darüber hinaus ist es vielleicht eines der letzten nicht erklärungsbedürftigen Refugien für Begriffe wie Beute und Jagd, ohne ein Gewehr in die Hand nehmen und ein Tier – zumal einen Warmblüter – erlegen zu müssen. In diesem zentralen Punkt unterscheidet sich das Angeln nämlich von der Jagd und gleicht eher dem Fallenstellen: Es beinhaltet jederzeit die Möglichkeit, dass der Fisch sich durch einen kräftigen Schlag von Haken oder Sehne befreit, was im Leben eines jeden Anglers im Verhältnis von mindestens eins zu drei gemessen an den gefangenen Fischen vorkommt. Der Schuss auf Wild hingegen ist zumeist final. Vor allem aber steht am Ende jedes Drills die subjektive Entscheidung des Anglers, einem gefangenen Fisch die Freiheit wiederzuschenken, was beinahe ebenso häufig vorkommt, wie dass ein Fisch vor dem Anlanden verloren geht. Dabei spielen Größe und Verletzungsgrad eine Rolle. Gerade bei Hechten hat die Praxis des *Catch and Release*, wie es bei Forellen und großen, für den Verzehr ungeeigneten Karpfen praktiziert wird, die man fotografiert, eine gute Prognose. So liegt die Sterbewahrscheinlichkeit lediglich bei fünf bis zehn Prozent. Physiologisch betrachtet ist der Hecht ein resilienter Fisch.

Die Anmutung von Anglern, die mit ihren Fängen für ein Foto posieren, ist dabei oft herzzerreißend, bisweilen belustigend. Manchmal kippt es auch ins Absurde. Und doch dokumentieren solche Aufnahmen aus drei oder vier Jahrzehnten den Wandel des gesellschaftlichen Blicks auf die Natur so plastisch wie kaum etwas sonst, weshalb sie hier Erwähnung finden. Fotos in Zeitungspapier eingewickelter Hechte, Fachmagazine mit Fisch-Hitparaden, frühe Selfies mit Helmut-Schmidt-Mützen, Parkas und Cordhosen statt wie heute in Camouflage-Jacken sind vielleicht sogar übersehene kulturgeschichtliche Artefakte. Legt man nämlich aktuelle Hochglanzangelzeitschriften daneben, offenbart sich nicht nur, wie sich Überschriften und Papierqualität verändert haben, sondern auch, welche Medialisierung und Inszenierung das Draußensein inzwischen erfährt. Man könnte auch sagen: wie sehr die Naturerfahrung heute umgekehrt proportional zum tatsächlichen Verschwinden von Tieren und Pflanzen aus modernen Berufs- und Lebenskontexten medial kultiviert wird.

Der Berliner Schauspieler Simon Günther (1925–1972) mit einem präparierten Hecht-Kopf.

Der heutige Markt der Angel-Magazine ist dabei ein Seismograf des insgesamt sprunghaft angewachsenen Marktes für Ausrüstung, Bekleidung und Ratgeber. Egal ob es ums Grillen geht oder ums Wandern – die Hersteller suggerieren immer das Gleiche: Wenn du wirklich Freude in deiner Freizeit empfinden willst, brauchst du das passende Equipment und jede Menge Lektüre! Und so ist es gerade die äußerliche ›Unperfektheit‹ und Beiläufigkeit vieler Hechtangler, die im Kontrast dazu in Heften aus dem Zeitalter vor dem Self-Fashioning ins Auge springt. Sie tragen ihre Arbeits- und Alltagskleidung auch am Wasser, so wie heute noch viele Stadtangler, die scheinbar unbeirrt vom Verkehr und den vorbeilaufenden Touristen ausharren und als Ruhepole das geschäftige Treiben um sich herum auf wunderbare Weise parodieren. Sie wirken wie eine Antithese zum Imperativ des Wandels.[10]

Im Hintergrund alter Angelfotos sieht man deshalb ganz selbstverständlich Gartenhecken, Bauernrosen oder Garagenwände, erstaunte Kinder, manchmal sogar einen Käseigel in der guten Stube. Dabei sind die Fotos auch Ausdruck der praktischen Gegebenheiten. Niemand nahm früher, als es noch keine Smartphones und Digitalkameras gab, einen Fotoapparat mit ans Wasser. Zu schwer, zu sperrig, zu kostbar, jederzeit gefährdet, in den Schlamm zu fallen oder bei einem Regenschauer kaputt zu gehen. Man dokumentierte und veröffentlichte seine Erlebnisse nicht beim Angeln, sondern später daheim, und das auch nur, wenn der Fang außergewöhnlich genug war. Die Messlatte, auszulösen, lag viel höher als heute.

Wie für alles, so lassen sich auch für die Hechtfotos Gegenbeispiele bringen. Der Elder Statesman der englischen Hechtfischerei, Fred Buller, präsentiert in seinem bereits zitierten Standardwerk *Pike and the Pike Angler* aus dem Jahr 1981 Aufnahmen am Wasser in passender Kleidung. Mir geht es jedoch um Fotos mit Hechten, von denen man morgens noch nicht wusste, dass sie abends entstehen würden. Sie dokumentieren, dass die meisten Angler keinerlei Bruch empfanden, wenn sie nach der Arbeit noch auf einen Sprung an den Fluss oder Baggersee gingen und anschließend den Hecht im eigenen Garten fotografierten. Eine Ritualisierung des Naturerlebens blieb aus, was in einem zumindest bemerkenswerten Kontrast zum heutigen Konzept von ›Outdoor‹ steht.

Im Stadtangler lebt deshalb der Gedanke fort, dass wir Städte oder vom Menschen geschaffene Habitate keineswegs verlassen müssen, um Kontemplation in der Natur zu erleben. Ein Zander ist im Niehler Hafen in Köln mit den durch Turbinen verstärkten Warmwasserauslässen der Heizkraftwerke, die das Nährstoffwachstum für Beutefische begünstigen, im Zweifelsfall ebenso zu Hause wie nahe der Flussquelle des Rheins. Und auch Hechte zieht es an der Donau und anderen Flüssen in die Nähe von künstlich errichteten Wehren oder Kraftwerken, wo sie an ruhigen Stellen auf Beute lauern. In Holland kann man sie in von Deichen geschützten Poldern fangen.[11] Und in Norddeutschland sind Hechte in Gräben anzutreffen, die eigens zur Entwässerung landwirtschaftlicher Flächen geschaffen wurden, im Hintergrund sieht man vielleicht Windräder oder eine Biogasanlage. Dazu muss man keinen Tarnanzug anhaben, der ein unberührtes Umfeld suggeriert, das es nicht mehr gibt.

Hören und Sehen

Drei oder vier Minuten mögen am Steg vergangen sein. Der dunkle Rücken des Hechtes ist im Schatten der Bäume gut zu erkennen und sieht gespenstisch aus. Doch die Bauchseite leuchtet, je mehr sich die Wasseroberfläche beruhigt und die Frühlingssonne gewähren lässt. Was für ein Prachtexemplar! Nicht zu dünn und abgemagert, wie Rogner nach dem Winter oft aussehen, wenn sie die typische ›Hungerform‹ aufweisen, bei der das Gewicht im Verhältnis zur Körperlänge zu gering ist. Nicht zu kräftig und an der Unterseite aufgebläht, wie es bei Milchnern, männlichen geschlechtsreifen Fischen, der Fall sein kann.

Er, der erste Hecht dieses Frühjahrs, hat mich nicht bemerkt. Ganz still verharrt er an der Scharrkante, an der das Ufer abfällt. Nur seine dunkelgelben Brustflossen fächeln ohne Unterlass wie die Flügel eines Kolibris. Ich merke, wie mein Puls rast, obwohl ich keine Angel dabeihabe und nur deshalb an den See gekommen bin, um mal nach dem Rechten zu schauen.

Einmal in der Haut eines Hechts stecken: Hat er mich vielleicht registriert, zeigt es aber nicht? Worauf wartet er? Dass eine Plötze oder Rotfeder vorbeischwimmt und er mit einem ungeheuren Stoß nach vorn schnellen kann, wie es unzählige Male geschah, wenn ich einen Löffelspinner der französischen Marke Mepps durch flaches Wasser zog, der besten Marke der Welt, Sinnbild westlicher Überlegenheit, Kronjuwel unseres

Angelkastens, für den man bei einem Hänger an einem Busch oder einer Seerosenwurzel auch im November ins Wasser sprang?

Auch langes Warten kann von jetzt auf gleich zu Ende sein. Der Hecht macht eine elegante Bewegung mit der Schwanzflosse und stößt zwei Meter nach vorn. Ein halber Flossenschlag genügt, und der walzenförmige Körper düst geräuschlos und ohne Bugwelle durch den See, um dann erneut innezuhalten. Da ist es wieder, dieses Gefühl des Anglers oder Naturfotografen, dass der sich anbahnende Verlust von etwas schmerzen kann, das man gar nicht besitzt!

Es gibt, auch dies gehört vielleicht in eine naturkundliche Studie über Hechte, sehr verschiedene Typen Angler. Manche suchen vor allem den Nervenkitzel, den Sieg über den Fisch, das Umfeld ist nebensächlich. Andere sind technische Perfektionisten, die das Ausprobieren immer neuer Montagen und Kunstköder lieben. Ich kenne Fliegenfischer, denen das Binden von Nymphen, Streamern und Wooly Buggern fast mehr Freude bereitet, als diese Köder dann am Wasser auszuprobieren – und solche, die auf Sportplätzen kunstvolle Schleifen werfen und sich darin perfektionieren. Ich selbst gehöre zur großen Gruppe der Naturangler, den Allroundern, denen das Erlebnis am Wasser ebenso wichtig ist wie der Fang. Dazu kann ein Sonnenaufgang gehören oder ein sich plötzlich niederlassender Eisvogel.

Seitdem ich erstmals von Jakob Böhme und anderen Mystikern des Mittelalters las, deren Natursprachenlehre im frühen 20. Jahrhundert eine Renaissance in der Naturlyrik von Autoren wie Wilhelm Lehmann oder Oskar Loerke erfuhr, blicke ich anders auf den See und die Schilfregion. Für Peter Huchels Frühwerk spielt auch die sogenannte Matriarchatslehre Johann Jakob Bachofens eine zentrale Rolle, welche das Schilf als einen Ort der unablässigen Schöpfung begreift. Flüsse und Seen werden zu magischen Orten, vormals slawisch besiedelte Moor- und Seenlandschaften sind voller Naturzeichen, so etwa in *Havelnacht*:

Hinter den ergrauten Schleusen
nur vom Sprung der Fische laut,
schwimmen Sterne in den Reusen,
lebt der Algen Dämmerkraut,

lebt das sanfte Sein im Wasser,
grün im Monde, unvergilbt,
wispern nachts die Büsche blasser,
rauscht das Rohr, ein Vogel schilgt,

nah dem Geist, der nachtanbrausend
noch in seinem Flusse taucht,
in dem Schilf der Schleusen hausend,
wo der Fischer Feuer raucht.[12]

Man muss es nicht übertreiben mit solchen Inspirationen durch die Literatur, zumal dann, wenn man gerade mit einer hoffnungslos verhedderten Angelschnur oder Wasser im undichten Gummistiefel kämpft. Vor allem morgens und abends, wenn sich Frosch-, Insekten- und Vogellaute übertönen, das Glucksen aufsteigender Gase im schlammigen Untergrund ebenso zu hören ist wie das Schlagen von Fischen unter Seerosenblättern, ist jeder See aber tatsächlich ein pantheistischer

Kosmos. Nirgendwo sonst gibt es eine solche Dichte an Leben und Stofflichkeit. Nicht am Meer, nicht im Wald, nicht in den Bergen. Jedes Tier scheint dann Teil einer geschlossenen Ordnung zu sein.

Die Mystiker waren überdies davon überzeugt, dass auch sämtliche Namen Gottes Werk seien, weshalb ein stumpfmäuliger ›Döbel‹ nicht anders heißen könne, als er eben heißt. Auch ohne sich am Wasser auszukennen, wird man den Namen ›Hecht‹ mit einem schmalen, schnellen Freiwasserfisch assoziieren, während es bei ›Wels‹ einen schweren, sich behäbig am Grunde entlang bewegenden Fisch vor Augen hat. Eine ›Schleie‹ ist ein äußerst vorsichtiger Fisch mit kaum vorhandenen Hornschuppen, dafür aber mit einer Schleimschicht. Ein ›Karpfen‹ macht seinem Namen als hochrückiger, kräftiger Süßwasserfisch alle Ehre.

Diese Gedanken beiseiteschiebend bemerke ich, dass mein Hecht noch tiefer in den See hineingeschwommen ist. Soll ich einige Schritte weiter hinaus bis ans Ende des Stegs gehen? Oder werden ihn die Erschütterungen, die sich im Wasser vervielfachen, noch weiter hineintreiben?

Wie alle Fische besitzen auch Hechte im Vergleich zu höher organisierten Tieren wie Säugern oder Vögeln fraglos schwächere Sinnesorgane. Auch deshalb gelten sie als starr, stumpf und gefühllos. Dabei verfügt der Hecht nicht nur über gute Augen, sondern er ist auch äußerst geräuschempfindlich und setzt Laute sowohl zur Jagd als auch allgemein zur Kommunikation mit Artgenossen ein. Wie andere Fischarten nehmen Hechte Geräusche unter Wasser deutlich intensiver wahr als wir, selbst

Nur in Aquarien, wie hier auf einem niederländischen Gemälde, halten es Hechte und Barsche gemeinsam auf engem Raum aus. Im freien Wasser neigen Hechte zum Kannibalismus und schätzen Barsche als Beutefische.

wenn sie anders als Welse keine geteilte Schwimmblase als Resonanzverstärker besitzen.

Die Schallausbreitung im Wasser ist mit 1500 Metern pro Sekunde rund viereinhalbmal schneller als in der Luft, wo es lediglich 350 Meter sind. In der Dunkelheit orientieren sich Hechte nicht nur mit den Augen und dem Geruchssinn, sondern auch mithilfe eines natürlichen Sonars, das man Seitenlinienorgan nennt. Es ist ihnen bei der Jagd von Nutzen, ebenso beim Erkennen von Gefahren, wie sie Boote oder Erschütterungen am Ufer darstellen.

Die vom Kopf bis zum Schwanz reichende Seitenlinie ist ein äußerst sensibler Kanal mit Sinneszellen, die sich in den Körper verästeln und durch auftreffende Druckwellen erregt werden. Während nachtaktive Fledermäuse Schallwellen aussenden und wie ein Bordcomputer in Sekundenbruchteilen den Abstand zu vor ihnen liegenden Objekten ausmessen, nehmen Fische über die Seitenlinie Schallwellen auf, deren Stärke und Richtung sie über die Entfernung, Form und Größe des Objektes informieren.

Aufgrund ihres ausgewiesenen Gehörsinns sind Hechte darum nicht nur empfänglich für optische Reize, sondern ebenso für die Schallwellen und Töne von Spinnern, Blinkern, Gummifischen, Wobblern und Rasselködern mit Bleischrot im Innern eines Plastikfisches. Und selbst wenn sich das Hechtangeln zum Fliegenfischen verhält wie ein Schwert zum Florett: Auf Bewegung und Sound kommt es hier genauso an wie auf das behutsame, möglichst authentische, fallschirmgleiche Absetzen einer Trockenfliege beim Fliegenfischen, das sogenannte *Parasuiting*. Die Schallwellen der Bewegung machen also durchaus einen Unterschied, was uns den Hecht als alles andere als plump und schroff offenbart.

Doch Hechte hören wie andere Fische nicht nur gut – sie kommunizieren unter Wasser auch anhand unterschiedlicher

Laute und entkräften damit das Bild vom stummen Fisch. Ein Schweizer Biologe hat mithilfe eines Hydrofons herausgefunden, dass Barsche und Zander als Rudelräuber während der Jagd miteinander Informationen austauschen. Zander nutzen die ausgesendeten Schallwellen wie ein Sonar und können dieses zur Ortung von Beutefischen einsetzen. Sie pirschen sich heran und erschrecken ihre Beute regelrecht, ihre Geräusche klingen hierbei peitschenschlagartig.[13]

Der Hecht schwimmt ebenfalls seitlich von hinten an seine Beute heran, allerdings direkt und ohne Täuschungsmanöver. Man hört, glaubt man den Ergebnissen des Hydrofons, auf Tonmitschnitten durchaus Unterschiede zwischen den markanten Plop-Geräuschen des Hechts und anderer Fische, die unter anderem mittels der Schwimmblasen entstehen. Das Ganze erinnert ein wenig an die legendäre Verfilmung von Lothar-Günther Buchheims *Das Boot* durch Wolfgang Petersen: Jürgen Prochnow und Heinz Hoenig sehen sich wortlos an, weil sie an den Wassergeräuschen die Wasserbomben und Torpedos erkennen, ebenso wie die Schiffstypen anhand der Schraubengeräusche; Herbert Grönemeyer liest ihre Gesichter und schaut verzweifelt zu Boden.

Die Ergebnisse der Lautforschung liegen durchaus im Trend einer Zeit, in der allenthalben Belege für die Kommunikationsfähigkeit und das Bilden von internetähnlichen ›geheimen Netzwerken‹ von Bäumen und Tieren gesammelt werden – eine Art neoromantische Rückbesinnung auf den etwa von Novalis vor über zweihundert Jahren literarisierten Gedanken einer beseelten und sprechenden Natur, wie der Förster und Autor Peter Wohlleben in seinen Büchern nahelegt.

Tatsächlich kommunizieren Hechte in allen erdenklichen Lebenslagen. Die Hydrofon-Nutzung zeigt, dass es in puncto Sinnesforschung noch viel zu entdecken gibt. Hechte sind in jedem Fall sensibler, als wir lange angenommen haben. Das antizipieren auch Angler, die den Hechten ihre Kunstköder so präsentieren, dass diese vom Geräusch überrascht sind und reflexartig angreifen, ohne die Köder vorher optisch wahrgenommen zu haben.

Es klingt ein wenig nach Coaching oder Paartherapie: Tuchfühlung zu ihnen aufzunehmen, bedeutet am Ende nichts anderes, als biologisch erklärbare Regungen im Gegenüber besser nachvollziehen zu können. Dafür braucht es auch bei Hechten nicht selten Jahre, wachsen Geduld und Beobachtungsgabe des Anglers idealerweise im ähnlichen Maße, wie es die Vorsicht und Altersweisheit großer Fische tun.

Hemingwege zur Einsamkeit

Anders als Jäger wurden Angler bei uns seit jeher etwas belächelt, von meiner Mutter gar mit Argwohn betrachtet, was wohl auch an der klischeehaften Unterstellung lag, dass die Zeit am Wasser im Grunde nicht mehr als ein Fluchtreflex im Beziehungsleben von in die Jahre gekommenen Paaren sei. Angeln: ein Moment ohne Appelle und Diskussionen, denen man sich mithilfe eines Vorwands ins Schilf entzog, genau wie kollektiven staatlichen Verpflichtungen vom Sportfest bis zu politischen Kundgebungen.

Zumindest diese Dimension von ›Freiheit‹ durch die Zeit am Wasser spielte in meiner Familie auf mehreren Ebenen eine Rolle. 1971 flüchtete ein Rostocker Kommilitone meines Vaters in den Westen, indem er isoliert mit Melkfett und Neopren 25 Stunden durch die Ostsee schwamm, von Kühlungsborn in Richtung Fehmarn. Der Name Peter Döbler ging später durch die Medien. Was dabei wenig beachtet wurde, war die Funktion des Angelns und Harpunierens als ›Deckung‹ für die Trainingsstunden im Wasser beziehungsweise als Zeitvertreib während des Schwimmens.

Abgesehen von jenen Jahren, in denen mein Freund und ich den Kassettenrekorder mit in die Schilfhöhle nahmen und dort rumpolterten, war Angeln für mich von Kindesbeinen an ein Synonym für Stille und ritualisiertes Schweigen gewesen, das auch der Konzentration auf das Material diente. Denn den

Stunden am Teich oder Meer mussten noch jene hinzugerechnet werden, die man am Vorabend im Keller beim Sortieren des Angelgeschirrs, der richtigen Köder, dem Studieren der Wettermeldungen verbrachte. Und vielleicht ist die Corona-Pandemie mit Homeoffice und Videokonferenzen nicht der schlechteste Zeitpunkt, um auf Geräteschuppen, Angelkeller und Bootssteg einen anderen Blick, als Orte konkreter Dinglichkeit, zu werfen. Das Fokussieren auf materielle Gegenstände, die Haptik von Haken, Kork, Federkielen und Schmirgelpapier, das handwerkliche Geschick als Basis des Angelerfolgs am Wasser, lässt den Kontrast zur Abstraktheit der digitalen Gegenwart umso größer erscheinen.

Weniger die Sehnsucht nach einer Beute also, die evolutionär gesehen überflüssig geworden ist, sondern die Verabredung zum Verlangsamen und Wertschätzen des Manuellen stellt heute die eigentliche Bedeutung des Angelns als Kulturtechnik dar. Ist das Angeln auch wegen dieser Relevanz des stundenlangen Tüftelns und technischen Ausprobierens dabei eher etwas für Männer, wie man mit etwas Küchenpsychologie unterstellen könnte, zumal in einem Buch über Hechte? Was ist mit dem Beutezug selbst, der, wie am *Catch and Release* zu sehen, seine ursprüngliche Bedeutung eingebüßt hat?

»Viele Hemingwege führen zur großen Einsamkeit«, formulierte die Autorin Jutta Person einmal wunderbar lakonisch in einer Rezension, vielleicht an anderes als an Segelfische und Spencer Tracy im Boot vor der kubanischen Küste denkend, der sich mit der salzwassergetränkten Angelleine durch den tagelangen Kampf mit dem Fisch die Hände blutig schneidet, ich weiß es nicht.[14] Dabei beschrieb sie nüchtern betrachtet zunächst das Phänomen, dass die Jagd und der Fischfang historisch viel mit Einsamkeit und wortkargen Stunden und Tagen der Fischer und Sportangler zu tun hatten.

Man hat dieses Motiv der stilvollen, ja, geradezu existenziellen Einsamkeit oder höchstens Zweisamkeit mit einem Gleichgesinnten aber nach Belieben strapaziert. Erinnert sei an Hollywood-Filme wie *Brokeback Mountain*, in dem sich zwei schwule Cowboys an den Flüssen Montanas unter dem Vorwand treffen, angeln zu gehen. Oder an *Aus der Mitte entspringt ein Fluss*, in dem die Verständigung zweier unterschiedlicher Brüder (einer von ihnen, der Draufgänger, wird von Brad Pitt gespielt, Robert Redford führte Regie) am Ende nur noch durch das Fliegenfischen ebenfalls in Montana möglich ist. Sie haben dies von ihrem Vater, einem presbyterianischen Pfarrer, übernommen. Und vielleicht ist das, die Nichtbereitschaft, über Gefühle zu sprechen, zumindest in seiner Tradierung durchaus ein Stück weit männlich – als Stereotyp humorvoll auf die Spitze getrieben durch ein Album der Hamburger Hip-Hop-Band Fischmob aus dem Jahr 1995 mit dem schönen Titel: *Männer können seine Gefühle nicht zeigen*. Die Platte lief in unserer WG hoch und runter, auf dem Cover sind die vier Musiker gleich Sardinen eingeengt in Fischdosen zu sehen.

Das Alleinsein und die Gefahrenbereitschaft sind den Anglern historisch also in die Wiege gelegt, begreift man die Fahrt aufs Wasser als eine berufsmäßige Gefahrenübung der Neuzeit, in einem angelsächsischen Bucherfolg der letzten Jahre bis zur Schmerzgrenze durchexerziert, *Nordwasser* von Ian McGuire. Der Fischfang – so auch beim hier porträtierten Harpunier

Ein Freund, ein guter Freund: Cover des US-Magazins Outdoor Life *mit zwei Hechtanglern aus dem Jahr 1929.*

Henry Drax bei der Wal- oder Robbenjagd – bedeutete körperliche Schwerstarbeit, für die man in Erwartung eines stets unsicheren Solds angeheuert wurde, das Erobern unbekannter Terrains, Kälte, Sturm und Nässe, Raufereien bis zu brutaler Gewalt, Lebertran-, Fett- und Alkoholgeruch, das Gegenteil körperlicher Intimität. Im Falle von Hemingways Helden, der mit dem Marlin kämpft, auch eine brennende Sonne ohne genügend Trinkwasser.

Oftmals wird die Jagd auf große Fische dabei wie in den Hollywood-Filmen als erfolgreich dargestellt, wenn man sich auf einen anderen Angler stützen kann, der rudert oder den Kescher führt – ein Kamerad in der Symbolik des Militärs, zu sehen auf Titelbildern großer amerikanischer Magazine wie *Outdoor Life* oder *Sports Afield*. Der Hecht mag ein ruchloser Einzelgänger mit scharfen Zähnen sein, so die Message – der Angler hat jedoch stets einen Partner an seiner Seite.

Seit der ungewissen Ausfahrt von Harpunierern aufs Nordmeer hat sich beruhigenderweise einiges geändert. ›Outdoor‹ ist heute kaum mehr als ein Surrogat für Abenteuer, ein Erobern der Natur mit Netz und doppeltem Boden, bei dem, von einigen Extremsportarten abgesehen, wenig passieren kann und auch bei leerem Fangkorb am Ende niemand hungern muss.

In der Vergangenheit musste vor Aufbruch indes nicht nur die Frage des Verbleibs der eigenen Kinder geklärt werden. Wochenlange Ausfahrten, bei denen das Wetter unerwartet umschlagen, der Proviant sich als nicht ausreichend erweisen und Krankheiten ausbrechen konnten, setzten ein unbedingtes Vertrauen auf körperliche Unversehrtheit voraus. Und etwas vom Mythos der Shantys und Walfänger-Balladen des 19. Jahrhunderts scheint sich nicht abgenutzt zu haben, wenn ich den Erinnerungen meines Vaters Glauben schenke, der in den Siebzigern als Schiffsarzt auf einem DDR-Fischtrawler arbeitete, welcher in die Barentssee zum Fang von Makrelen und Kabeljau fuhr. Angeblich waren es nur die Härtesten und Abenteuerlustigsten, die beim Fischkombinat anheuerten. Und denen man, wenn der Zahn pochte, diesen eben ohne Narkose bei Windstärke sieben zog. Oder zunähte, was die Baader-Maschine zum Köpfen und Entgräten der Fische an Fleischwunden bei der Besatzung geschlagen hatte.

So weit die verklärte Vergangenheit, die in meiner Kindheit immer wieder Gegenstand beim Angeln auf Hecht war. Die überwiegende Zahl der Angler in Deutschland heute ist indes tatsächlich männlich, hier lassen die Statistiken keinen Zweifel zu. Männer machen 93 Prozent der Anglerschaft aus, wofür es aber andere Gründe als nur die vermeintlich größere Ungebundenheit geben dürfte.[15] Oder den erforderlichen Mut, minutenlang durch unwegsame Schilfgürtel oder Waldabschnitte unterwegs zu sein, um an sein Ziel zu kommen. All das trifft ebenso auf Mountainbikerinnen oder Läuferinnen zu.

Ob der Anteil der Frauen in der Jagd auch deshalb höher ist, weil man bewaffnet ist, wenn man eine Lichtung allein betritt, und nicht nur eine Hechtrute bei sich hat, bleibt deshalb wie so vieles Spekulation. Immerhin geht man davon aus, dass zehn Prozent der Jägerschaft heute weiblich sind, was nicht nur mit dem höheren Sozialprestige des Jagens in Europa zu tun haben dürfte, sondern auch mit dem Naturerlebnis im Wald selbst –

Vom Glück des gemeinsamen Naturerlebens: Hecht-Aufnahme aus Finnland mit Kaija Jukarainen, der Mutter des Fotografen Ilkka Jukarainen, im Hintergrund dessen älterer Bruder.

inklusive der Auseinandersetzung mit Warmblütern im Vergleich zu geruchsintensiven Fischen.[16]

Und doch ist es anhand historischer Aufnahmen, aber auch anhand von Social-Media-Profilen verblüffend zu sehen, wie die Liebe sowohl zur Jagd als auch zum Angeln, vor allem zum Fliegenfischen, in Ländern wie den USA stärker auch von Frauen öffentlich gemacht wird – und jene erlernte Normalität über die Generationen einfach weitergegeben wird.

Gerade aus dem Amerika der ersten Hälfte des 20. Jahrhunderts gibt es viele Aufnahmen von Frauen beim Angeln, auch auf Muskies. Der einzige Unterschied, den man nach dem Sichten unzähliger Fangbilder feststellen könnte: Frauen lachen häufiger, wenn sie einen Fisch in die Kamera halten, wobei es auch kleinere Fische sind – der Triumph der Jagd schlägt sich seltener in bedeutungsschweren Mienen nieder.

Wenn der französische Kulturtheoretiker Roland Barthes also davon spricht, dass der Mann als »Reisender« zum Fischfang prädestiniert sei, ein »zur See« fahrender »Herumtreiber« wäre, während es der historischen Rolle der Frau entspreche, sesshaft zu sein und daheim zu warten, so erscheint ironischerweise gerade das Angeln solche Zuschreibungen zu widerlegen.[17] Denn die Angelei verheißt eben nicht nur das Hinausziehen ans Wasser, sondern auch das Ausharren und Verbleiben an Flüssen, Seen, Molen, Brücken, das nächtelange Warten auf das erlösende Geräusch des Bissanzeigers beim Karpfenangeln in Zelten, also etwas zutiefst Passives, komplett vom Willen des Gegenübers Abhängiges. Und auch das Schweigen und Eintauchen in die Umgebung scheint mir nach unzähligen Stunden als Praktiker keine exklusive Domäne der Männer zu sein.

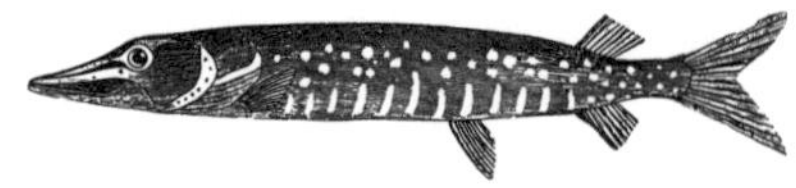

Putins Hecht

Das Angeln hält anders als die graue Theorie aus den Klischeewerkstätten jede Menge heitere, ja, befreiende Momente bereit. Sie gehen nicht selten auf Kosten der Männer, wobei anders als im Ernst, den man bei der Jagd beobachten kann, in der sprichwörtlichen Übertreibung der Fänge ebenso ein wahrer Kern liegt wie im Verheddern in der Sehne und anderen Missgeschicken am Wasser, was Anlass für unzählige Karikaturen geboten hat – meisterhaft in einer Abwandlung des legendären Klassikers *The Compleat Angler* von Izaak Walton aus dem 17. Jahrhundert durch Norman Thelwells *Compleat Tangler*.

Die Angel sei ein Gerät, sagte man bereits im 19. Jahrhundert milde, an deren einem Ende ein Wurm, am anderen ein Träumer oder Tagedieb hänge. Und so ist der kulturgeschichtliche Blick auf den Hecht stets von einer Mischung aus stereotypen Zuschreibungen in Bezug auf sein gefährliches Äußeres und seine Stärke, zugleich aber auch vom selbstironischen Umgang mit dieser Wahrnehmung geprägt gewesen, was ungemein sympathisch ist.

Unsere Sprache ist voll mit Stereotypen des Hechtes, den wir in Erzählungen anders als Großkatzen, Wölfe, Schlangen und Greifvögel eher lächerlich machen, als ihn zu fürchten. Gepard, Panter, Dachs, Sperber oder Falke: Es sind Namen, die aus einem Messekatalog für gepanzerte Fahrzeuge des Militärs stammen könnten. Selbst beim Biber kann man sich ein lautloses

Amphibienfahrzeug vorstellen. Beim Hecht hingegen muss man lange suchen und wird am Ende allein auf Щука und Щука-Б stoßen: Hecht und Hecht-B. Damit bezeichnet wurde eine Klasse von nuklearbetriebenen U-Booten, die 1984 von der sowjetischen Marine in Dienst gestellt wurden und in Russland und Indien offenbar immer noch im Einsatz sind. In manchen Ländern, wenn auch nicht in Deutschland, kann man sich ›Hecht‹ also sehr wohl als Bezeichnung für tödliche Waffensysteme vorstellen. Und es nimmt vielleicht nicht wunder, dass es gerade ein russisches Schiff ist, das man auf den Namen dieses Raubfisches taufte, wie in diesem Kapitel noch zu zeigen sein wird.

Im Deutschen indes wohnt eine gewisse Gutmütigkeit bis hin zur Verballhornung dem Hecht auch in anderen Beispielen inne. Wenn es wie ›Hechtsuppe‹ zieht, schließt man besser Fenster und Türen, wobei der etymologische Ursprung des Wortes überhaupt nichts mit dem Fisch, sondern mit dem Hebräischen *hech supha* oder *hech soppa* im Jiddischen zu tun hat, was übersetzt so viel bedeutet wie Sturmwind.

Mit seinem legendären, vom Sportfotografen Rüdiger Schrader festgehaltenen Hechtsprung, auch Hechtrolle genannt, wurde Boris Becker im Juni 1985 in Wimbledon zur Tennis-Ikone. Ein toller oder flotter Hecht ist nicht unbedingt ein Schwerenöter im Stil des frühen Sean Connery. Aber es ist doch ein schwungvoller, überzeugender Kerl, der nicht ohne Chuzpe und Arglist an sein Ziel kommt. »In Netzstrümpfen hat sich schon mancher tolle Hecht verfangen«, lautet einer jener Anglersprüche, die man in Kalendern lesen kann. »Wird auch so ein Hecht wie andre sein, / die wenig sich kümmern um ihre Frauen«, schrieb ähnlich lautend der Dramatiker August von Kotzebue,

Hafenansicht eines atomgetriebenen Angriff-U-Boots der sowjetischen Akula-Klasse, Code-Name der NATO für die ›Hecht-Boote‹.

ein später dem Attentat eines fanatisierten Burschenschaftlers zum Opfer gefallener Zeitgenosse Goethes.

›Hechtgleich‹ ist durchaus ein der Natur entlehntes Synonym für Schlankheit und Schnelligkeit, aber eben auch für einen losen, unsteten Charakter – und das mit einer gehörigen Portion Realitätsklitterung. Denn die wirklich »tollen«, starken Hechte sind nicht die Männchen, sondern die körperlich kräftigeren Weibchen!

Ohne wie der Fuchs, der Wolf oder Storch ein klassisches Fabeltier zu sein, ist auch der Hecht im Laufe der Jahrhunderte zum Träger menschlicher Eigenschaften geworden. Das Changieren zwischen der Bewunderung für seine Kraft und dem Bedauern ob seiner auffällig schlanken Gestalt gehört dabei seit Anbeginn zur Metaphorisierung. Bereits in der Frühen Neuzeit setzt man ihn umgangssprachlich mit ›Räuber‹ gleich – um ihn zugleich als ›armen Kerl‹ anzusehen, der schlecht ernährt sein Dasein fristen muss: »Der arme Hecht im Parterre«, schreibt Heinrich Heine, »wird zu sich selber sagen: solche Witze kann ich auch machen.«[18]

Nicht wenige Wirtshäuser tragen heute den Namen *Zum Hecht*. Sie verströmen damit Gastlichkeit – genau wie der *Hirsch* oder *Adler*, andere Klassiker der Gasthausnomenklatur. Und selbst dem ›Hecht im Karpfenteich‹ wohnt eine gewisse Volkstümlichkeit inne, die nichts von der Blutrünstigkeit eines Fuchses im Hühnerstall hat, bei dem man an fliegende Federn und durch Mark und Bein gehende Schreie in Todesangst flüchtender Hühner denkt. Auch wenn dieses vor allem durch Bismarck popularisierte Wort durchaus vaterländisch und alles andere als verharmlosend gemeint war, wie sich gleich zeigen wird.

Eine schöne Hecht-Geschichte, die viel über den volkstümlichen Kontext der Hecht-Rezeption erzählt, ist auch aus Mecklenburg überliefert, wonach eine Schützengesellschaft anno 1590 um ihren Festtagschmaus gebracht wird. Um ihn vor dem Verzehr frisch zu halten, lässt man einen zuvor gefangenen Großhecht nämlich wieder schwimmen – mit einer Glocke um den Hals und im seither mit viel Spott bedachten Glauben, ihn dadurch wieder fangen zu können! Seit 1914 trägt der Teterower Stadtbrunnen nun das Konterfei eines Hechtes.

Doch dies ist nur die eine Seite der Rezeption des Hechts. Der mit Ironie assoziierte Fisch ist trotz oder gerade wegen seiner Volkstümlichkeit immer auch ein Fisch der Mächtigen gewesen. Als Bismarck seine eben zitierte berühmte ›Hecht im Karpfen-

Historische Postkarte vom Hechtbrunnen in Teterow.

teich‹-Metapher in der noch berühmteren Reichstagsrede vom 6. Februar 1888 verwendete, auf den Aggressor Frankreich anspielend (»Wir Deutsche fürchten Gott, aber sonst nichts in der Welt!«), gab es denn, so ist es im Protokoll vermerkt, spontan Heiterkeit: »Die Hechte im europäischen Karpfenteich hindern uns, Karpfen zu werden, indem sie uns ihre Stacheln in unseren beiden Flanken fühlen lassen.«[19]

Hechte können im Sinne von Stärke und Angriffslust also durchaus politisch instrumentalisiert werden, wie die Wochenzeitung *Die Zeit* einmal bemerkte und nicht nur George W. Bush Jr., Barack Obama, Helmut Kohl und Peter Ramsauer eine Angel in die Hand schrieb, sondern auch Angela Merkel, die vor der Wende Mitglied und schließlich Vorsitzende eines Angelvereins in der Uckermark wurde, um einen See mit dem Boot befahren zu dürfen.[20] Beim Besuch des niederländischen Königspaars im Juli 2021 in Berlin machte die Bundeskanzlerin einen interessanten Ausfallschritt, was auf Twitter zu Fotomontagen mit einem kapitalen Hecht führte, den man Angela Merkel als Gastgeschenk an Willem und Máxima in die Arme legte. Auch das war im besten Sinne amüsant. Aber eben auch politisch.

Ist der Hecht gerade durch seine Volkstümlichkeit am Ende also gar ein Katalysator der Macht? Kaum ein Staatschef lasse sich heute gern beim Jagen mit einer Waffe ablichten, so *Zeit*-Autorin Anne Hähnig. Ganz anders verhalte es sich mit der allseits eher belächelten und nicht martialischen Angelrute: »Sie hat nichts Brutales, nichts Beängstigendes, allenfalls etwas Geheimnisvolles – auch deshalb, weil Angler meist kein Publikum haben. Wer anderen beim Fischen zuschaut, könnte auch einer Eiche beim Wachsen zusehen.«[21]

Das Bild der Eiche ist dabei ebenso geeignet, um nicht nur das Angeln, sondern den Hecht als ›baumstarken‹ Raubfisch zu charakterisieren. Langsamkeit, Alter und damit eine gewisse existenzielle Bedeutung lassen sich insofern gerade in der östlichen Literatur mit Hechten assoziieren, da sie aufgrund ihrer Körperkraft weniger als andere Fische Gefahr laufen, zur Beute anderer Arten zu werden. Das Auftauchen eines uralten Hechts in Siegfried Lenz' zweitem Roman *Der Überläufer* von 1951, der den letzten Sommer an der Ostfront schildert, ist folgerichtig: In dem Maße, in dem sich die Soldaten 1944 in Gedanken des Zweifels ergehen, kämpft jeder seinen eigenen Kampf des Überlebens – der Schlesier Jan ›Schenkel‹ Zwiczosbirski mit besagtem Hecht, den er mit einem Löffelblinker mit roten Glasaugen zu überlisten versucht. In den Worten von Lenz: »Das Spiel der tödlichen Verführung begann.«[22]

Lenz lässt seinen Erzähler davon sprechen, dass der Hecht »klug« oder sogar ein »alter kluger Hecht« sei, der gewieft genug ist, nicht auf den Angelköder hereinzufallen. Er sieht ihn nicht, nur dessen unheimlichen Schatten. Der Hecht strahlt selbst dann Autorität aus, als Zwiczosbirski ihn endlich am Haken hat, um ihn sogleich wieder zu verlieren, da sich der Fisch im letzten Augenblick selbst befreit:

> *Er sah auf das Auge seines Gegners, ein ruhiges, nicht von Furcht entstelltes, gleichgültig blickendes Fischauge; ein Auge, das weder Schmerz, Tod noch Gefahr widerspiegelte und das in seiner unheimlichen Gelassenheit, finster und freundlich zugleich, auf dem Mann ruhte.*[23]

Dass Zwiczosbirski daraufhin »zu heulen und polnische Flüche auszustoßen« beginnt, weil er sich um alles betrogen fühlt, ist eine Metapher für die Verzweiflung und innere Leere am Ende des Krieges. Das Auftauchen des Hechtes in einem geschichtlichen Rahmen ist ein Hoffnungsschimmer, aber auch dieser erfüllt sich nicht.

Der Hecht wird also durchaus mit Hoffnung und der Verheißung von Stärke in Verbindung gebracht. Im russischen Märchen *Der Hecht hat's gesagt* wird er unfreiwillig zum Kompagnon eines Taugenichts, der ihn beim Wasserholen im Eis mit dem Eimer fängt und ihm sein Leben unter der Bedingung schenkt, dass der mit Zauberkräften ausgestattete Fisch ihm jeden seiner Wünsche erfülle. In Wahrheit ist der Hecht es, der unantastbar ist – erkennbar an der kleinen Krone in den dazugehörigen Zeichnungen – und dem Menschen wie bei Lenz hilft, wenn er in einer ausweglosen Situation steckt. *Der Hecht hat's gesagt* ist hierbei eine Abwandlung des berühmten Volksmärchens *Emelya und der Hecht*, das sich bis zu Tolstoi in vielen Varianten nachverfolgen lässt.[24] Emelya, ein junger Faulpelz, zieht eines Wintertages einen Hecht durch das Eisloch. Ab dann läuft durch die Macht des Fisches alles wie am Schnürchen. Denn der Hecht ist ein Scherpa, der seinem Bezwinger Größe verleiht.

Szenenwechsel. Im Sommer 2013 sieht man den russischen Staatspräsidenten Wladimir Putin in Camouflage-Kleidung mit einem 21 Kilogramm schweren Hecht auf Pressefotos mit Urlaubsgrüßen aus Sibirien. Beobachter veranlasst das zu jener Analogie, dass der Hecht ein Erfüllungsgehilfe sei – nun vor

Der gekrönte Hecht, der sein Gegenüber aufwertet: Darstellung des russischen Volksmärchens Der Hecht hat's gesagt.

Sibirien 2013: Wladimir Putin beobachtet, wie einer seiner Helfer bei einem großen Hecht den berüchtigten Augengriff praktiziert.

allem für die Symbolik von Stärke, Virilität und Unbeugsamkeit. Wie im Volksmärchen wertet er seinen Fänger, der ihn zur Schau stellt, auf.

Ich habe das Foto intensiv betrachtet, weit vor den schrecklichen Ereignissen des Kriegs gegen die Ukraine im Frühjahr 2022. Es hat nichts von den sympathischen Schwarzweiß-Aufnahmen aus alten *Angelsport*-Ausgaben in meinem Buchregal, auf denen die erfolgreichen Angler einfach glücklich und immer etwas unbeholfen wirken. Ein Begleiter Putins, ebenfalls im Tarnanzug, praktiziert den berüchtigten Augengriff: Er hält den Hecht mit einer Hand am Bauch, mit der anderen drückt er ihm Daumen und Finger in die Augen. Ein brutales Bild – und auch ein Stück weit feige. Mein Vater lehrte mich, dass, wer einen Hecht fangen wolle, entweder einen Kescher oder Gaff nehmen müsse. Oder eben in den Kiemendeckel zu greifen habe, wobei Verletzungen der Finger wegen der winzigen Widerhaken keine Seltenheit waren. Aber allemal besser, als die Augen eines Fisches zu verletzen oder zumindest eine Infektion herbeizuführen.

Der Putin'sche Hecht sieht leichtgewichtiger aus, die auffällig starke Maserung – wie erwähnt typisch für Hechte großer und kalter Gewässer – geht wie auf einem altmeisterlichen Gemälde fast eine Symbiose mit der Tarnjacke des Begleiters ein. Es sind gelbe Tupfer, die wie eine Benzin-Pfütze veränderlich scheinen, kein Punkt gleicht dem anderen, Ovale wechseln sich auf olivfarbenem Hintergrund mit mäandernden Halbinseln ab, die Mikroskopaufnahmen von Blutplasma nicht unähnlich sind. Die Natur kennt keine exakten Wiederholungen, wie sie die technische Reproduzierbarkeit ermöglicht, jede Hechthaut ist ein faszinierendes Unikat. Aber die Ästhetik ist für die Ikonografie der Macht nebensächlich: Der Koch habe das grätenreiche Fleisch zu Fischfrikadellen verarbeitet, lässt man die Öffentlichkeit wissen, sie hätten gut geschmeckt!

Man landet am Beispiel des Putin'schen Hechts unweigerlich bei der Frage: Warum wird einer überhaupt zum Hechtangler? Warum entscheidet man sich für ein körperbetontes Angeln und setzt sich nicht wie andere Angler im Hocker mit Getränkehalter und Bierdose an einen Baggersee, um dann vielleicht erst in der Nacht von einem elektronischen Bissanzeiger darüber informiert zu werden, dass ein Karpfen angebissen hat?

Hechtangeln ist nicht nur die Jagd auf ein Raubtier, also eine andere Kategorie von ›Gegner‹ für jemanden, der es damit ernst meint. Man ›tut‹ auch etwas beim Blinkern, ist aktiv, stählt spätestens nach dem fünfzigsten Wurf seine Muskeln. Aber das ist nur die halbe Geschichte.

Bereits 2008 ließ sich Wladimir Putin bekanntlich dabei ablichten, wie er einen Sibirischen Tiger erlegte. 2017 präsentierte er sich dann erneut mit einem Hecht, dieser war zwar kleiner, Putin dafür aber oberkörperfrei. Man kannte das schon vom Reiten oben ohne auf einem Pferd. Heimatverbunden, stark, viril in einem bewusst aus der Zeit gefallenen Sinne, dem jeder weltläufige Gestus eines Hemingway in der Karibik fehlt: Derart plakativ nicht einmal von Donald Trump strapaziert, handelt es sich hierbei um Attribute, die ihre Wirkung wohl gerade aufgrund der kalkulierten Provokation bis heute nicht verfehlen.

Der Hecht ist dabei nicht nur eine Antithese zu der Art von Stärke, wie sie die Milliardäre der neuen Welt durch Gigafabriken für Elektromobilität oder Privatflüge ins Weltall zur Schau stellen. Putins Hechtbilder sind bei genauerer Betrachtung auch eine Ansage an den Common Sense des westlichen Naturdiskurses, der von Empathie und Schonung von Kreatur und Umwelt charakterisiert ist – nicht von der Vorstellung des Tiers als Beuteobjekt oder der Landschaft als Rohstoffquelle oder landwirtschaftliche Nutzfläche. Fotos der russischen Tundra spiegeln mit ihrer Betonung auf der scheinbar unendlichen Weite die schiere Unerschöpflichkeit der natürlichen Ressourcen wie Erze, Edelmetalle, Öl und Gas wider, die einen vollkommen anderen, unbesorgten Zugang zur Natur zur Folge hat.

Gerade weil die Unterwerfung der Natur als zivilisatorischer Auftrag im 20. Jahrhundert als einer »Ära der Ökologie« (Joachim Radkau) an ein Ende gekommen ist, spricht aus den Putin-Fotos darum eine demonstrative, fast anachronistische Unterwerfungsgestik. Ein König triumphiert über den anderen, ähnlich wie Großwildjäger heute über Löwen, Antilopen, Zebras, früher selbst Nashörner – Tiere, denen der Mensch unter natürlichen Bedingungen nichts entgegensetzen könnte.

Das Putin'sche Bild hilft somit unfreiwillig etwas offenzulegen, was den Naturdiskurs weitgehend verlassen hat: das Messen mit dem Stärksten, dem Prädator des Süßwassers, der ausgewachsen keine natürlichen Feinde außer den Menschen kennt – abgesehen vielleicht von Weißkopfadlern in Nordamerika, die neben Lachsen auch Muskies angreifen. In dem Maße, in dem Raubfische zu Trophäen von Prominenten werden, dokumentieren sie auch den Widerstand gegenüber einem modernen Bild von Natur und Männlichkeit, wobei Letzteres nicht mehr primär von körperlicher Stärke geprägt sein soll. Die Freude an einem Raubtier ist in dieser Lesart die Freude an der Idee des Kampfes, über die sich außerhalb der Jagd kaum noch offen sprechen lässt.

Historische Stiche unterstreichen in diesem Kontext, dass es schon bei frühen Hechtbildnissen nie um die naturwissenschaftlich präzise Wiedergabe von Jagdszenen zwischen Greif und Fisch ging, sondern um die Vermittlung einer Botschaft. Der Adler ist in bester amerikanischer Tradition eine Metapher für Gerechtigkeit, Freiheit und Licht, siegreich über den Herrscher der Dunkelheit und Kälte, den er aus dessen Element in das eigene hinüberzieht. Der stilisierte Kampf von Adler und Fisch ist die Entscheidung zwischen Emporsteigen und Hinabgezogenwerden in die Unterwelt, eine Art moralische Großgeste. Der Hecht ist hier das Sinnbild der Finsternis und des Lasters, weshalb der Kampf mit ihm, sei der Gegner nun ein Adler oder ein Mensch, durchaus symbolisch überhöht werden darf, da er einem legitimen Ziel dient und eine kathartische Wirkung entfaltet.

Dass die Jagd von Adlern auf ausgewachsene Hechte in unseren Breiten seltener vorkommt als in Amerika, verstärkt ihre Symbolkraft in Europa womöglich noch. Zumeist ist es der Hecht, der andere Tiere der Wasserregion an der Oberfläche attackiert. Ich habe als Kind mit einiger Verstörung einen Angler beobachtet, der einen Hecht ausnahm, welcher eine noch unverdaute Bisamratte im Magen hatte. Die Bisamratte mochte also noch keine Stunde tot sein. Und dennoch war die Angriffslust des Hechtes so groß gewesen, dass er auf einen handgroßen Blinker aus Edelstahl biss!

Auch dieser schier grenzenlose Hunger umgibt den Hecht seit jeher mit dem Nimbus latenter Gefahr, an dem sich die Menschen abarbeiteten wie bei keinem anderen Fisch. Der Hecht galt immer schon als »das Böse schlechthin« in heimischen Gewässern – eine für naturwissenschaftlich aufgeklärte Menschen heute unglaubliche Vorstellung, die im Mittelpunkt des folgenden Kapitels stehen soll.

Gleichzeitig aber war und ist er auch Sinnbild von Macht, die er bereits auf frühere Potentaten übertrug, und das weitaus

Der unterlegene Hecht als Sinnbild der Dunkelheit, der siegreiche Adler als Symbol des Lichts: Darstellung aus der Zeitschrift Die Gartenlaube *von 1892.*

umfassender als am Beispiel Putins. Die spätmittelalterliche deutsche Sage vom »Hecht im Kaiserwoog« kündet von einem uralten Großhecht, der bei seinem Fang in Kaiserslautern einen Ring mit griechischer Inschrift getragen haben soll, demzufolge er 267 Jahre zuvor von Kaiser Friedrich II. persönlich in den nämlichen See gesetzt worden sei.

Anders als bei Emelya ist der Hecht in dieser Sage nicht der Handelnde, sondern Gegenstand eines nationalen Mythos, wie ihn auch die Kyffhäuser-Geschichte darstellt: Durch seinen Fang möge etwas vom Odem des mutigen, mit dem Papst im Dauerclinch liegenden Kaisers und des Glaubens an die Unsterblichkeit des Heiligen Römischen Reiches auf die Deutschen übergehen.

Die Verkörperung des Bösen und Unheilvollen

Die Nationalgeschichtsschreibung weist seit den Napoleonischen Kriegen, vor allem aber seit den Einigungskriegen Bismarcks gegen Österreich und Frankreich in den 1860er und 1870er Jahren eine bellizistische Rhetorik auf, die sich auch in volkskundlichen Schriften über Wildtiere wiederfindet. So ist es nicht unüblich, den Hecht anhand kriegerischer Attribute wie »kompromissloser Angreifer«, »Bezwinger«, »Überwältiger« zu charakterisieren: »Wer kennt ihn nicht, diesen Räuber, diesen Haifisch in unseren Strömen, Flüssen, Seen, Teichen und Gräben, der alles verschlingt, was er überwältigen kann«, heißt es etwa in der erstmals 1847 erschienenen Abhandlung mit dem Titel *Das Ganze der Angelfischerei und ihrer Geheimnisse* eines Baron von Ehrenkreutz, die in den folgenden Jahrzehnten in unterschiedlichen Abwandlungen des Titels verlegt wurde.[25] Und es geht weiter bis zu Wilhelm Doose, nach dessen Überzeugung der Hecht alles »überfällt, was er nur irgend bezwingen kann. (...) Dieses Draufgehen, ferner seine Kraft und Gewandtheit, seine grenzenlose Brutalität stempeln den Hecht zu einem erstklassigen Sportfisch«.[26]

Der Doyen der deutschen Angelsportkultur und Erfinder des Heintz-Blinkers, Karl Heintz, ein Münchner Arzt und Weltkriegsteilnehmer, fand folgenden zoologisch zwar vollkommen unpassenden, symbolisch aber im Trend vieler »Würdigungen« liegenden Vergleich, in dem er den Hecht mit einem Schakal

Das Ganze der Angelfischerei und ihrer Geheimnisse eines Baron von Ehrenkreutz, *Frontispiz*.

gleichsetzt und ihn damit abwertet: »Es fallen ihm (…) vor allem die Fische zum Opfer, welche irgendeinen Defekt an sich tragen, so bei großen Schwärmen die Nachzügler. Er ist so eigentlich die Hyäne oder der Schakal unserer Gewässer.«[27]

Hyäne, Schakal oder auch »Kaiman unserer Seen und Flüsse«, wie er wegen seiner »falschen Glotzaugen« 1912 in einem Zeitungsartikel »Vom Hecht und seinem Fang« genannt wird: Es ist bemerkenswert, was im Wilhelminismus alles über den Hecht geschrieben wird. Bereits in *Brehms Tierleben*, entstanden wohlbemerkt auf dem Höhepunkt botanischer, mineralogischer und zoologischer Abhandlungen in Deutschland, heißt es im den Fischen gewidmeten Band:

> *Der gefürchtetste Räuber der europäischen Seen und Flüsse* (…) *stürzt sich auf die Beute mit einer fast unfehlbaren Sicherheit. Seine Gefräßigkeit übertrifft die aller anderen Süßwasserfische.* (…) *Er verschlingt Fische aller Art, seinesgleichen nicht ausgenommen, außerdem Frösche, Vögel und Säugetiere, die er mit seinem weit geöffneten Rachen umspannen kann, packt, wie eine in England angestellte Beobachtung beweist, den untergetauchten Kopf eines Schwanes, läßt nicht los, so viel auch der stolze und kräftige Vogel sich sträuben mag, und erwürgt ihn, kämpft mit dem Fischotter, schnappt nach dem Fuße oder der Hand der im Wasser stehenden oder sich waschenden Magd, vergreift sich in blinder Gier sogar an größeren Säugetieren* [wie an] *Maulthier oder Maulesel.*[28]

Nach dem Zweiten Weltkrieg, im Jahr 1948, wurde das Brehmsche Erbe von dem Biologen Otto Kleinschmidt fortgeführt, der die Reihe *Die Neue Brehm-Bücherei* gründete. Der Hecht als Inkarnation des gefräßigen Räubers verschwindet allmählich aus den Erzählungen. Und doch bleibt der Tenor nach einem Jahrhundert zoologischer Forschung zumindest unwidersprochen. »Seit jeher gilt der Hecht als gieriger, hinterlistiger Räuber, der unter den einheimischen Fischen die Verkörperung des Bösen und Unheilvollen darstellt« – so steht es noch im 1964 erschienenen Titel *Der Hecht* der *Neuen Brehm-Bücherei*.[29] Und es waren historisch betrachtet genau diese Attribute, die dazu führten, im Hecht einen schwimmenden Teufel zu erkennen, der auch vor Mägden, Eseln und Wasservögeln nicht zurückschreckte.

Bereits die Römer nannten den Hecht »Wasserwolf«, *Esox lucius*. Die diffuse Angst beim Schwimmen vor dem mit messerscharfen Zähnen ausgestatteten Hecht, von der gleich noch die Rede sein wird, vergleichbar mit der diffusen Angst vor dem Wolf beim Pilze- und Beerensammeln in Märchen, hat die Beschreibung des Raubfisches über einen erstaunlich langen Zeitraum beeinflusst und zoologische Erkenntnisse dabei komplett über Bord geworfen. Ja, im Grunde hat die Projektion menschlicher Urahnungen auf einen Fisch zu einer Art albtraumhaften Poetologie des Hechtes beigetragen, die weniger etwas über den Hecht selbst als vielmehr über das Zeitalter verrät. Der Hecht ist mit Blick auf seine Überlieferungsgeschichte des Bösen und Räuberischen ein Kind der Kaiserzeit.

Bemerkenswerterweise findet sich dabei in der historischen Literatur nirgendwo die schlüssige Erklärung, dass es das unbedingte Einzelgängertum war, das den Hecht seit jeher anfällig gemacht hat für eine Ikonografie des verschlagenen, mit großer Kälte und Brutalität vorgehenden Räubers, des *Snipers*, so könnte man es modern ausdrücken, der getarnt im Versteck

Lucius Lupus, eigentlich der Name eines römischen Senators, hier vom niederländischen Maler Anselmus Boëtius de Boodt für den Esox Lucius *verwendet.*

und mit äußerster Präzision bar jeder ritterlichen Fairness des offenen Visiers aus dem Hinterhalt zuschlägt.

Heute blicken wir ohne den Geist des Kaiserreichs mit seinen Anspielungen auf eine Nation, die erst im letzten Drittel des 19. Jahrhunderts zum Konzert der europäischen Großmächte aufschloss, sich aber stets umzingelt empfand von Frankreich, England und Russland, auf die Tierwelt. Eigenschaften und Handlungsweisen nehmen wir ohne jeden patriotischen Überbau als das wahr, was sie wissenschaftlich sind: eine Folge der Biologie und somit der Anpassung an Lebensräume. So auch beim Hecht.

Anders als die meisten anderen Fischarten unserer Breiten weist der Hecht außerhalb der Fortpflanzungszeit tatsächlich kein besonders ausgeprägtes Sozialverhalten auf. Er ist der große Einsame der heimischen Fischwelt, was seinen Nimbus der Stärke und Furchtlosigkeit im Gegensatz zu den vielen Schwarmjägern wie gesehen stets unterstrichen hat. Während andere Raubfische für die Jagd den Vorteil der Gruppe nutzen, in Rudeln oder Schulen jagen, kollaboriert der Hecht nicht. Er bildet keine Beutegemeinschaften, wie man sie bei Salzwasserfischen während des Schnorchelns beobachten kann, wenn Welse den Grund aufgraben und andere Kleinfische die aufsteigenden Schwebstoffe dankbar aufnehmen.

Der Hecht ist eben gerade *kein* Wolf, keine Hyäne, kein Schakal, auch kein Löwe, die allesamt in Rudeln leben und auf Beutezug gehen. Er ragt nicht aus der Gruppe hervor oder wird wie der einsame Wolf nur noch an deren Rande geduldet. Er ist mutterseelenallein. Man könnte auch sagen: Anders als mancher Angler oder Autor zelebriert er die Einsamkeit nicht, sondern jagt ›von Natur aus‹ ohne Hilfe, muss seine Beute dafür aber auch mit niemandem teilen. Der Hecht ist, wenn man ihn mit einem Säugetier vergleichen will, eher wie ein Tiger.

Auch der Umstand, dass manche Hechte einen zweiten Standort einnehmen, ändert nichts daran, dass sie als Lauerräuber in ihrem Einstand zwischen Schilfrohr oder vor einer Krautbank abwarten, bis ein Beutefisch vorbeischwimmt, um dann blitzschnell nach vorn zu schießen. Anders als Schleien oder Karpfen, die den Köder sehr vorsichtig umschwimmen, ihn untersuchen, misstrauisch werden, ihn kosten und dann möglicherweise wieder ausspucken, gibt es für den Hecht nur ein ›ganz oder gar nicht‹. Übrigens schon bei kleinen Hechten, die ihr Maul aufreißen und das Opfer förmlich einsaugen. Sie muten sich von der Beutegröße her Erstaunliches zu.

Im Gegensatz zu Forellen, die man nicht als Lauerräuber, sondern als Pirschräuber bezeichnet, verfolgt der Hecht seine Beutefische zumindest in Binnengewässern dabei nur über einige Meter, lässt dann ab und begibt sich an seinen Standort zurück, um auf die nächste Chance zu warten. In Boddengewässern verhält es sich etwas anders, dort sind lange Wanderungen von Hechten keine Seltenheit.

Genau diese Eigenschaft, die hohe Standorttreue, bringt den Hecht im Sinne der Inkarnation des Bösen und Unheilvollen dieses Kapitels aber auch selbst in Gefahr: Nicht wenige erfahrene Angler investieren viel Zeit in das Ausspähen von Standorten – in der Gewissheit, dass selbst ›verblinkerte‹, das heißt der Eisenköder überdrüssige Hechte am nächsten Tag wieder am selben Ort stehen und irgendwann einem Blinker, Spinner oder Gummifisch erliegen werden. Die Wissenschaft geht davon aus, dass die ›Hakenscheue‹ bei erfahrenen Hechten bis zu drei Jahre dauern kann, bei Forellen nur wenige Monate, was dennoch Ausdruck einer ganz erstaunlichen Lernleistung von Raubfischen ist, die im Grunde rund um die Uhr nach Beute spähen müssen.

Siegfried Lenz schildert diese dem Menschen nicht unähnliche Fähigkeit, aus Erfahrungen zu lernen, in der Hecht-Szene im *Überläufer* meisterhaft: Der alte erfahrene Hecht bemerkt die kleinsten Regungen am Wasser und schwimmt sofort davon. Evolutionär betrachtet liegt eine große Stärke darin, aus Erfahrungen lernen zu können. Bei jüngeren, tollkühnen Hechten hält die Hakenscheue manchmal allerdings auch nur wenige Stunden an – und dann ist das noch kurze Leben endgültig passé.

Vorsichtiger Einzelgänger: ein Hecht beim Aufsteigen vom Boden ins Mittelwasser, im Hintergrund ein Schwarm Beutefische.

Um ein Kilogramm Fischfleisch aufzunehmen, muss ein Hecht täglich zwischen drei und fünf Kilogramm Fisch fressen, zumeist in einem Stück. Der Rest wird wieder ausgeschieden. Dafür wächst der Hecht schnell und ist nach fünf Jahren bereits bis zu 70 Zentimeter lang bei einem Gewicht von circa vier Kilogramm. Er kann in Ausnahmefällen bis zu 150 Zentimetern lang werden und 30 Kilogramm wiegen, so viel wie ein zehnjähriges Kind. Wobei der Hecht anders als der Mensch über kein massives Knochenskelett verfügt, sein Fleischanteil ist also besonders hoch.

Wie vorsichtig Hechte trotz ihrer tausendfach in YouTube-Clips gebannten Entschlossenheit beim Jagen vorgehen, hat der Verhaltensbiologe Jonathan Balcombe untersucht: Weil die Gegenwart des Hechts bei seinen potenziellen Beutefischen die Produktion von Schreckstoffen auslöst, die anderen als Warnsignale dienen, unterlässt es der Hecht beispielsweise ganz gezielt, seinen Darm im eigenen Jagdrevier zu entleeren. Kleinfische, die ihn nicht sehen, sollen auch biochemisch nicht registrieren, dass ein Hecht in der Nähe sein könnte.[30]

Der Hecht steht dabei wie eingangs erwähnt auch außerhalb der Laichzeit zumeist an ruhigen Stellen und sucht flache Standplätze aus, hat also kaum Angst vor Vögeln, die ihn von oben angreifen könnten. Das hat er im Laufe der Evolution offenbar nicht gelernt. Erfahrene Angler sagen aus diesem Grund, dass man Hechte zumeist beim ersten bis dritten Wurf fängt, wenn er überrascht ist, fast übertölpelt, nie beim zwanzigsten Wurf. Denn das Auftreffen des Köders auf der Wasseroberfläche verursacht Krach. Der Hecht reagiert beim ersten Wurf also durchaus konfus, wobei die alten Tiere wie ausgeführt vorsichtiger sind als die jüngeren.

Der Hecht ist anders, als sein imposantes Äußeres vermuten lässt, übrigens nicht der allergrößte Kämpfer. Hängt er am Haken, schlägt er ein, zwei Fluchten, dann hat er sich verausgabt und hört wieder auf – nicht wie Karpfen oder Welse, die ausdauernder kämpfen können. Dies hat wie so vieles nichts mit einem vom Menschen angedichteten Charakter, sondern vor allem mit der Physiologie zu tun. So weisen Karpfen eine andere Muskulatur und Flossenanordnung auf als Hechte. Muskulös und schnell zu sein, bedeutet eben nicht, einen langen Atem zu haben. Das kann man auch bei Hunderassen wie Möpsen, Bulldoggen oder Boxern beobachten, die anders als Jagdhunde wie Deutsch Kurzhaar oder Weimaraner nur kurze Distanzen sprinten.

Es ist am Ende wohl die Mischung aus Äußerem und Einzelgängertum, das dem Hecht zu seinem solitären Image verholfen hat. Wenn der Mensch dem Menschen ein Wolf ist, wie der römische Komödiendichter Plautus behauptet, so liegt eine bemerkenswerte Selbstentlarvung in der Sprache, die wir auch für den Hecht als Wasserwolf, Schakal oder Hyäne mit »äußerster Brutalität« (Siegfried Lenz spricht von einem »dunkelgrün gestreiften Satan«) gefunden haben.

Ähnlich wie in den historischen Diskursen um die Gefährlichkeit des Wolfes im Wald, mögen diese Beschreibungen des Hechtes als aggressiv, hinterlistig und böse seit jeher auch als eine ›Legitimation‹ für die Jagd auf den Raubfisch gedient haben. Sie bestand kurz gesagt darin, in ihm einen besonders aggressiven Bewohner des Wassers auszumachen, der Unheil stifte. Niemand könnte Jagdglück darüber empfinden, ein mit Attributen des Schutzes und der Seltenheit assoziiertes Tier zu erlegen. Man kann – abgesehen von ihrem unterschiedlichen kulinarischen Nutzwert – eine Ente oder Gans schießen. Aber keinen Pirol. Und mittlerweile auch kein Rebhuhn und keine Feldlerche mehr, die als Arten unter Druck stehen.

Vor allem das Bild der Brutalität und Gefräßigkeit ermöglichte es historisch, den Hecht nicht nur als legitimes Objekt der Fischerei zu betrachten, das er als Fleischlieferant ohnehin war, sondern im Grunde auch als einen aufzuspürenden Gegner, der Unheil in die Uferregion brachte. Seine Abwehr stiftete ähnlich wie Bürgerwehren einen über den Fischfang oder die Angelei weit hinausgehenden Gemeinsinn. Man wertete das eigene Tun durch die Dämonisierung des Hechtes auf. Aus einem profanen Hobby wurde auch eine gute Tat.

Betrachtet man die hierzu aufgerufenen Symbole seit dem 19. Jahrhundert wie etwa den »untergetauchten Kopf eines Schwanes« – der weiß gefiederte, majestätische Wasservogel gilt als ein Inbegriff von Reinheit und Treue, auch der Transformation der Seele –, bekommt man einen Vorgeschmack darauf, wessen sich der Hecht in den Augen der Zeit schuldig machte. Doch es kommt noch besser: Brehms oben zitierte »im Wasser stehende Magd«, an der sich der Hecht in seiner blinden Gier vergreift, ist symptomatisch für die vollkommen irrationale Aufladung der Hechtjagd, indem sie nicht nur an das kleine, naive Rotkäppchen, sondern auch an die frankophoben Darstellungen von Germania erinnert, nach der die Franzosen griffen. Oder an die Bedrohung des Deutschen Reiches in Gestalt einer Mutter mit ihren unschuldigen Kindern durch den Bolschewismus im ersten Drittel des zwanzigsten Jahrhunderts. Wer noch in den Sechzigerjahren in großen volkskundlichen Abhandlungen davon sprach, dass der Hecht »die Verkörperung des Bösen und Unheilvollen« darstelle, nahm nicht nur der Jagd mit Netzen und Angeln, sondern auch jener mit Mistforken jeden Skrupel.

Eine Schleie leiden zu sehen, die keiner Seele etwas zuleide tut, ist eben etwas anderes, als einem gefangenen Hecht den Magen zu leeren, in dem sich ein halb verdautes Entenküken befindet. Und wer sich im privaten Fernsehkanal DMAX einige

Folgen der Sendung *Dark Waters* mit dem Filmemacher Jeremy Wade angesehen hat, mag noch immer glauben, dass in unseren Gewässern Bestien leben, die ahnungslos Badenden auflauern.

In dieser Logik geht es nicht nur um Spaß, es kommt auch etwas ›ins Lot‹, es wird Gerechtigkeit wiederhergestellt, nachdem ein Großfisch sich an etwas Unschuldigem vergriffen hat. Wenn man so will, ist dies die umgekehrte moralische Überhöhung des menschlichen Blicks auf die Arten, wie sie gegenwärtig in der Genugtuung über die Wiederkehr des Kormorans oder des Wolfes zum Ausdruck kommt. Der Hecht teilt darin in gewisser Weise das Schicksal des Hais und ist wie dieser, will man es partout so sehen, ein Stück weit ›selbst schuld‹ daran, wie ihn die Kulturgeschichte rezipiert hat.

Urzeitlich aussehende Zweimeter-Welse mit ihren Maulbarteln und der marmorierten gräulich-schwarzen Färbung mögen zwar länger und schwerer werden als Hechte, aber sie würden nie auf Pressefotos aus Sibirien landen. Denn mit Wels und Hecht verhält es sich in etwa so wie mit Python und Kobra: Erstere wird größer, ist allerdings ›nur‹ eine Würgeschlange, die ihren Opfern mit der gesamten Körperkraft gemächlich die Luft abschnürt, wobei sie ihren eigenen Kopf schützt. Die Kobra hingegen konzentriert ihre Kraft auf wenige Zentimeter des Kiefers, greift blitzschnell frontal an und tötet ihre Beute mit ein, zwei Bissen. Sie geht dabei das Risiko ein, am Maul und vor allem an den Augen selbst schwere Verletzungen davonzutragen. Genauso verhält es sich mit dem Hecht: Seine Augen, die er nicht verschließen oder anders als Haie zumindest mit einer Schutzhaut überziehen kann, sind bei seiner schnellen Attacke

Drei Raubfische, die unterschiedlicher nicht sein könnten: Hecht, Barsch und Aal auf einem französischen Stillleben von 1839.

besonders gefährdet. Das macht den Hecht zu einem richtigen Draufgänger.

Es gibt noch eine biologische Gemeinsamkeit zwischen großen Schlangen und Hechten, und die ist geradezu spektakulär für den Betrachter: Während Schlangen ihren Kiefer ›aushängen‹ können, ist das schnabelförmige Maul des Hechts besonders weit gespalten. Der Schlund ist so stark dehnbar, dass auch der Hecht Beutefische oder kleine Säuger hinunterschlingen kann, die mehr als halb so groß wie er selbst sind. Hat der Hecht einmal Beute gemacht, gibt es kein Entkommen.

Ich habe ein Video aus Russland gesehen, in dem ein kleiner Hecht mit der Angel ans Boot herangezogen wird. Kurz vor dem Boot taucht aus dem Untergrund plötzlich ein deut-

Todessprung über die Wasseroberfläche, um die Angelschnur zu zerreißen: Zeichnung eines gepunkteten Muskies.

lich größerer Hecht auf und verbeißt sich so kompromisslos im kleineren, dass die verdutzten Angler beide ›am Stück‹ aus dem Wasser hochheben können. Selbst dann, längst im Boot liegend, lässt der größere nicht locker, als sei sein Kiefer erstarrt. Unweigerlich muss man an englische Ölgemälde mit Terriern denken, die sich bei einer Drückjagd in ein Wildschwein verbissen haben.

Weil er selbst brutal räubert, wie uns jedes Buch seit dem 18. Jahrhundert bestätigt, tut man es ihm gleich und verwendet anders als bei so vielen als sensibel geltenden Arten wie

Schleien oder Forellen niemals leichtes Gerät. Man setzt ihm Härte in Form von geflochtenen Schnüren und Vorfächern aus Kevlar entgegen, obwohl es viel anspruchsvoller ist, einen Hecht mit der Fliegenrute zu überlisten. Welche Drillingshaken beim Hecht mit seinem knochigen Maul zum Einsatz kommen, ist gemessen daran extrem.

Dies führt zu der Frage, welchen Tieren wir am Ende eigentlich Leidensfähigkeit attestieren. Die Debatte um das Schmerzempfinden ist dabei älter als jene, die man lange Zeit in der Humanmedizin führte, wo man bis in die Achtzigerjahre hinein glaubte, dass Säuglinge keine Schmerzen verspürten, weshalb man sie ohne Narkose operieren könne. Kurz gesagt schreiben wir Säugetieren, vor allem solchen mit Fell, Gefühle zu. Bei Fischen jedoch, die als Anzeichen von Stress zwar ihre Farben ändern können, ansonsten aber vermeintlich stumm sind und keine erkennbaren Regungen des Gesichts zeigen, verhält es sich anders. Auch deshalb, weil sie nicht schreien, sind sie ungleich Säugern und Vögeln wohl gute Gegner. Man stelle sich einen über viele Minuten gehenden Kampf mit einer Möwe vor, die an einer Schnur mit Drillingshaken hängt, oder mit einer Katze.

Anders als diese ist der ›kalte Fisch‹ darüber hinaus kein Nachbar und Gefährte des Menschen. Das Element Wasser bildet eine unüberbrückbare Scheide für unser Empfinden. Es ist ein faszinierender, aber auch fremder Bereich, in den wir nur temporär und dann mithilfe der Technik – künstlichem Licht, Sauerstoff, Neopren – vorstoßen.

Der Hecht spielt im Alltag der meisten Menschen daher keine Rolle. Er existiert ungleich ›Stadtbewohnern‹ wie Krähen, Füchsen oder Wildschweinen im Verborgenen. Er hinterlässt anders als nachtaktive Säuger und Vögel keine Spuren wie etwa Überreste von Beutetieren. Wenn der Hecht tötet und sein Opfer mit der Bisskraft von umgerechnet mehreren Dutzend Kilogramm Gewicht zur Strecke bringt, geschieht dies ohne Überbleibsel des Beutezugs. Hechte sind selbst beim Liebesspiel stumm. Ihre Mimik bleibt so starr wie ihre Augen, selbst wenn ihr ganzes Gewicht an einem dünnen Edelstahlhaken hängt. Nur das schäumende Wasser, das ein Hecht im Todeskampf mit seiner Schwanzflosse aufwühlt, dokumentiert, dass diese majestätischen Tiere sehr wohl Emotionen zeigen können.

Unser Umgang mit Tieren ist unter dem Strich ein Sinnbild jener Ambivalenz, indem wir sie einerseits schützen, andererseits massenhaft in ihrem Leid ignorieren – auch aus Angst, dass diese Gefühle auf uns zurückkommen, wenn wir sie zulassen und das Tier nicht mehr als namenloses Objekt sehen, sondern als Individuum. Der Literaturwissenschaftler Hans Ulrich Gumbrecht hat am Beispiel der gesellschaftlichen Ablehnung des Stierkampfes in Spanien bemerkt, dass unsere Kultur dabei vielleicht nicht ausschließlich von Empathie gegenüber dem Tier, sondern auch vom Wunsch besetzt sei, den Tod von Mensch und Tier im Alltag unsichtbar zu machen, ihn grundsätzlich »statistisch und kollektiv, aber nie individuell ins Auge zu fassen«.[31]

Allein deshalb, weil sie im Umgang mit Tieren konkrete Entscheidungen im Einzelfall bedeuten und sich damit fundamental von der industrialisierten Arbeitsteilung der Schlachthöfe und Zerlegungsbetriebe unterscheiden, halte ich das Angeln und die Jagd für sehr zeitgemäß. Wahrscheinlich besteht insofern ein Zusammenhang zwischen der Dramatik und Sensationslust vieler Überschriften in Angelzeitungen (»Der größte Kampf«, »Mega-Räuber«, »Monster-Hecht«) und dem tatsächlichen Zurückgehen der Erfahrung des Tötens von Tieren aus dem Alltag heutiger Städter. So gesehen ist der Kampf mit einem Raubfisch womöglich ein moderner Ersatz für ansonsten kollektiv ausbleibende Erfahrungen etwa im Rahmen von Hausschlachtungen, die früher noch gang und gäbe waren, auch in unserem Dorf – ein Surrogat.

Die Besonderheit solcher Erlebnisse wird insofern verstärkt, als das Wasser, das man bereits im Kindesalter als den artenreichsten Lebensraum des Planeten kennenlernt, in Wahrheit eine emotionale Grenze schafft und eine andere Sphäre markiert. Es ist vielleicht kein Zufall, dass Menschen, die nur selten in Seen baden gehen, weit hinausschwimmen, vom Boot aus ins Wasser springen oder auf einer Luftmatratze treiben, über die heimische Fauna ins Grübeln geraten. Dann ist, es klang vor wenigen Seiten bereits an, jeder Fuß-Stoß ins kalte Dunkel eines Sees plötzlich mit Urängsten und Bildern aus dem *Weißen Hai* verbunden. Was wäre, wenn der ›Hai des Süßwassers‹, der Hecht, plötzlich doch aus seinem Versteck auftauchte und den Schwimmer attackierte wie eine Ente oder Blessralle, wenn die blutrünstigen Schilderungen des 19. und 20. Jahrhunderts also doch nicht aus der Luft gegriffen wären?

Nicht nur die Lokalzeitungen berichten gelegentlich über Hecht-Attacken, auf die Sensationsgier, aber auch ein wohliges Erschaudern des Publikums setzend. Ich selbst stelle mir diese Frage manchmal, wenn ich an den Barschberg in unserem See rudere und dort ins Wasser springe, um zu schwimmen oder einen im Ankertau verhakten Blinker zu lösen. Obwohl ich weiß, dass ich nicht in Gefahr *sein kann.* Dunkelheit und Kühle aber scheinen aller Aufklärung und Faktenbasiertheit zum Trotz einen undurchdringlichen Grund für Furcht zu bilden. Das empfand vielleicht auch Bertolt Brecht, als er sein Gedicht *Vom Schwimmen in Seen und Flüssen* schrieb, den Hecht nicht vergessend:

Im bleichen Sommer, wenn die Winde oben
Nur in dem Laub der großen Bäume sausen
Muß man in Flüssen liegen oder Teichen
Wie die Gewächse, worin Hechte hausen. (…)

Der Himmel bietet mittags große Stille.
Man macht die Augen zu, wenn Schwalben kommen.
Der Schlamm ist warm. Wenn kühle Blasen quellen
Weiß man: Ein Fisch ist jetzt durch uns geschwommen.[32]

Vom hungrigen Wolf zum gefragten Speisefisch

Der Übergang vom 19. zum 20. Jahrhundert stellt durch die Gründung vieler Angelvereine im Zuge der allgemeinen Begeisterung für Sport- und Freizeitklubs einen vorläufigen Höhepunkt der Darstellung von Hechten und anderen Angelfischen dar. 1866, im Jahr des preußischen Sieges über Österreich, wurde in Berlin der erste wilhelminische Anglerverein ins Leben gerufen, dem viele andere folgen sollten. 1900 schloss sich eine Reihe von ihnen zur Dachorganisation Deutscher Anglerbund zusammen. Von 1921 bis 1933 gab es zusätzlich den Arbeiter-Angler-Bund Deutschlands, eine Reminiszenz an die erstarkte Arbeiterbewegung, die sich im Deutschen Anglerbund nicht ausreichend repräsentiert sah.

Das Angeln – dies zeigt der Nachruf von R. B. Marston, dem Herausgeber der legendären englischen *Fishing Gazette*, auf den 1925 verstorbenen Karl Heintz, der das »beste Werk über den Angelsport, welches je in einer anderen Sprache außer der englischen erschienen ist«, veröffentlicht habe – half im Schatten patriotischer Gefühle, die Gräben der Weltkriegszeit zu überwinden.[33] So galt eine gewisse englische Hegemonie beim Hecht- und vor allem beim ›aristokratischen‹ Fliegenfischen, die bis heute stilprägend für Angelruten, Rollen und Bekleidung ist (wer etwas auf sich hält, fischt auch hierzulande mit Hardy), in Deutschland durchaus als annehmbar. Zumal die eigentliche Feindschaft ohnehin mit Frankreich bestand.

Das Wissen über die Fischarten war zu diesem Zeitpunkt durch die Zoologie eines weiteren Engländers, Charles Darwin, ebenso verbreitet wie jenes über die anderen Tiere. Den Anfang hatte dabei auch beim Hecht über ein Jahrhundert vorher Carl von Linné gemacht. In seinem berühmten Werk *Systema Naturae* klassifizierte der schwedische Naturforscher in der Mitte des 18. Jahrhunderts nicht nur die »Naturreiche« Tiere, Pflanzen und Mineralien durch die fünf aufeinander aufbauenden Rangstufen Klasse, Ordnung, Gattung, Art und Varietät. Linné beschrieb auch rund 7700 Pflanzen- und 6200 Tierarten nebst einigen Hundert Mineralien. Gott schuf, Linné ordnete, so ein eitler Aphorismus, der von ihm selbst stammte.

In der 12. Auflage des *Systema Naturae*, die 1768 erschien, gab er für alle Arten auch sogenannte Trivialnamen an, welche den Standard der zweiteiligen Namen bildeten, auf denen die biologische Nomenklatur bis heute beruht: ein Substantiv für die Gattung und ein zweites Wort, häufig ein Adjektiv, für die Art. Dem Hecht gab Linné allerdings bereits in dem 1758 veröffentlichten ersten Band der 10. Auflage den Namen *Esox lucius* – eine Zäsur in der Namensgebung, die sich bis dahin auf Lautverschiebungen zwischen dem althochdeutschen ›Hachit‹, ›Hechit‹, ›Heched‹ hin zum mittelhochdeutschen ›Hechet‹ und ›Hecht‹ beschränkte.

Wie angedeutet, hat der Linné'sche Artname *lucius* seine Wurzeln in der Antike, wobei er weniger auf das römische ›der Leuchtende‹ als vielmehr auf das altgriechische *Lykos* für ›Wolf‹ zurückgeht. Der Gattungsname *Esox*, den er für die Familie der Hechtfische (*Esocidae*) verwendete, scheint von *esuriere* abzustammen, also ›hungern‹. ›Hungriger Wolf‹: Unter diesem vielsagenden, an einen Duran-Duran-Hit der Achtzigerjahre erinnernden Namen, der ihn gleichsam als Räuber und als Konkurrent des Menschen um Speisefische kennzeichnete, trat der Hecht seine Karriere in der Neuzeit an.

In den modernen Sprachen hat sich bis auf das italienische *Luccio* weder das Hungern noch das wölfische Verhalten in den Bezeichnungen für den Hecht durchgesetzt, stattdessen gab ihm häufig seine schlanke, pfeilähnliche Gestalt, aber auch sein mit scharfen Zähnen besetztes Maul den Namen. So heißt der Hecht im Englischen *pike* (für Spitze, Stachel, Dorn) und im Französischen *brochet*, das von ›Spieß‹ und ›Durchstechen‹ kommt. Das schwedische *gädda* bedeutet ebenso wie das dänische *gedde* oder das norwegische *gjedde* so viel wie ›Stachel‹. Und auch in den Sprachen des Ostens gibt es eine ähnliche Bedeutung: *schtschuka* im Russischen, *szczupak* im Polnischen, *stiuca* im Rumänischen. Onomatopoetisch kann man den kalten Windzug förmlich spüren, der mit einem Wort wie ›Hecht‹ oder ›schtschuka‹ verbunden ist. Wie oben erwähnt, war der Hecht darum auch Namensgeber eines sowjetischen U-Bootes.

Die ältesten sprachlichen Zeugnisse vor der neuzeitlichen Systematisierung der Arten stammen beim Hecht aus der Römerzeit und lassen Rückschlüsse auf die nicht übermäßige Bedeutung des Hechtes als Speisefisch zu. So werden im antiken Athen und Rom wie schon zuvor an den Küsten südlich von Babylon vor allem Salzwasserfische des Mittelmeers erwähnt, darunter maulbrütende Barben und Barsche, aber auch Stachelrochen, Seeteufel, Zitterrochen und Makrelen. Aufzeichnungen existieren weiterhin zu Schwertfischen und Thunfischen. Der Fischreichtum war unermesslich groß, und man stellte den Meeresfischen sowohl mit Netzen und Reusen als auch mit Speeren, Harpunen und Dreizacks nach. Lukull soll sogar an moderne Aquafarmen erinnernde Meeresteiche besessen haben, die mit einem Kanalsystem für Frischwasserzufuhr sorgten.

Das Fleisch des Hechts stand im alten Rom allerdings in geringem Ansehen, glaubt man dem spätantiken gallo-römischen Dichter Ausonius, der ihn den Fischen der Moselregion zurechnete:

Hier auch hauset, belacht ob der römischen Mannesbenamung,
Stehender Teiche Bewohner, der Erbfeind klagender Frösche,
Lucius oder der Hecht, in Löchern, die Röricht und Schlamm rings
Dunkelnd umwölbt; er, nimmer gewählt zum Gebrauche der Tafeln,
Brodelnd, wo er mit ekelem Qualm Garküchen verdumpft ist.[34]

Die Moden kamen und gingen bereits damals. Denn so angewidert sich Ausonius zum »ekelem Qualm« durch das Kochen des »Erbfeinds klagender Frösche« äußert (eine Bezeichnung, die in der Bismarck-Zeit hervorragend auf das gegen Frankreich siegreiche Deutschland zugetroffen hätte), so beliebt war Hechtfleisch im Mittelalter in England, wo man es sogar über Lachsfleisch stellte. Nicht anders als Hering oder Dorsch, die bis weit ins 20. Jahrhundert als Armeleuteessen galten, war der Hecht im antiken Rom zumindest für die Oberschicht nicht tischfähig. Vermutlich wegen der großen Gräten, aber auch wegen des im Vergleich zu Karpfen, Welsen, Schleien zwar weniger von »Röricht und Schlamm« geprägten Lebensraumes im Freiwasser, das sich in puncto Pflanzenreste, Algen und Schwebstoffe dennoch vom offenen Meer und einer Salinität von fast vier Prozent unterschied.

In der Antike verschmäht und auch im Mittelalter nicht an Heringe oder Karpfen heranreichend, gewinnt der Hecht über die Zeit an Bedeutung als Speisefisch.

Mit der Zeit sollte der Hecht allerdings an Wertschätzung gewinnen. Im Mittelalter, aus dem bereits Hecht-Siegel beziehungsweise Wappen von Familien oder Städten – erinnert sei an die Geschichte vom »Hecht im Kaiserwoog« in Kaiserslautern – überliefert sind, konnte der Hecht in seiner wirtschaftlichen Bedeutung zwar nicht an den Karpfen heranreichen, zumal er sich wegen seiner Lebens- und Jagdgewohnheiten, vor allem aber wegen seines Hangs zum Kannibalismus nicht in den Teichen der Klöster halten ließ. Er erlangte jedoch wie alle anderen Fische eine gewisse Bedeutung als Fastenspeise und wurde damit zum Handelsobjekt.

Darstellung vom Eisdröhnen aus dem Sachsenspiegel *(15. Jahrhundert). In die offenen Eislöcher wurde zur Markierung ein Bündel Schilf gesteckt, damit Helfer nicht versehentlich hineinfielen.*

Auch wenn sich Hechte schon vor eintausend Jahren anders als Stockfische, gesalzene Heringe und andere Meeresfische nicht für den zunehmenden Handel zwischen den Anrainern der Hanse anboten, sondern regional nachgefragt wurden: Spätestens mit der Blütezeit des mittelalterlichen Marktwesens war der Hecht im Norden Europas ein gefragter Speisefisch, den man zum Teil archaisch bejagte, nicht nur zum Eigenverzehr.

Wer sich Stiche und Zeichnungen dieser Zeit ansieht, bekommt einen Eindruck von Jagdtechniken, denen gegenüber die heutigen Methoden geradezu sanft erscheinen. So wurde im Winter beim sogenannten Eisdröhnen zunächst ein Loch in die Eisoberfläche geschlagen und anschließend – erinnert sei an die große akustische Sensibilität des Hechts, die im Kapitel »Hören und Sehen« beschrieben wurde – so lange mit Äxten, Steinen und Stöcken auf das Eis gehauen, bis sich die Fische aufgrund der Schallwellen in Richtung des Loches bewegten. Dort wurden sie bereits mit kaltem Metall in Form von Heugabeln und Speeren erwartet.

Wenn die Hechte dann im Frühjahr zum Laichen in die Gräben und Siele zogen, wurden sie dort erbarmungslos mit Mistgabeln gestochen – dies ging mancherorts bis in die Nachkriegszeit so. Die ›Hechtgräben‹ tragen ihren Namen nicht von ungefähr.

Was aus heutiger Sicht verstörend wirkt, liegt dabei durchaus in der Logik eines tierethischen Entwicklungsprozesses. Der bis dato vorherrschende objekthafte Blick auf die Tiere als zu nutzende Kreaturen änderte sich grundlegend erst nach der Aufklärung, vor allem aber im 19. Jahrhundert, in dem die Vorstellung aufkam, dass der Mensch für sein Handeln in der Natur nicht mehr automatisch durch Gott entschuldet werde, sondern sich verantworten müsse. Dies war auch die Geburtsstunde des Gedankens, dass der Mensch der Natur Schaden zufügt, ja, dazu überhaupt imstande ist. Dass man Biber durch den Fastentrick zuvor fast ausgerottet hatte, indem man sie aufgrund ihres Kellenschwanzes kurzerhand zu Fischen erklärte und ohne jedes Maß jagte, ist hier nur eine Fußnote und zeigt einen Blick, der uns heute frösteln lässt. Und doch kann man sich im Internet Aufnahmen etwa aus Russland ansehen, in denen Angler junge Hechte wie zu Urzeiten mit Heugabeln zu

Stillleben der flämischen Malerin Clara Peeters mit Hecht (1611), der anderen Speisefischen wie Karpfen und Barschen, aber auch Garnelen und Krabben als ebenbürtig dargestellt wird.

Dutzenden im Eiswasser stechen und blutend aufs Eis werfen, ohne sie waidgerecht zu versorgen. Man kann auch den Bootsdrill eines großen Taimens abrufen, der kurz vor der Bordwand aus nächster Nähe mit einem Gewehr erschossen wird. Das Medium mag hochmodern sein, doch was diese digitalen Bilder zeigen, ist tierethisches Mittelalter.

Die Neuzeit ging demgegenüber dort filigraner zu Werke, wo sich das Angeln als ein organisierter Sport mit Regeln und sozialen Codes herausbildete – und ›Beobachtern‹ in Gestalt anderer Angler. Man kann so weit gehen zu sagen, dass erst das Angeln die zum Teil brutalen Praktiken des ungeregelten Stechens und Erschlagens beendete. So nannte Brehm außer Netz und Reuse bereits am Ende des 19. Jahrhunderts die Schmeißangel als elegantes Instrument zum Hechtfang, die weniger der heutigen Wurfangel mit Rolle und vielen Metern Schnur ähnelte als vielmehr einer Stippangel, bestehend aus einer »starken Bohnenstange« oder einem »Stock« sowie einer »in Leinöl getränkten« Schnur, versehen mit einem kleinen Köderfischchen am »einöhrigen« Haken.

Das Anlocken eines Fisches mit einem Köder ist gewiss kein Akt der Humanität, um hier nicht missverstanden zu werden. Dennoch kann man in der modernen Angelei eine Praxis sehen, die der jahrtausendealten Fischjagd insofern ein anderes Gepräge gab, als dass sie Fische nicht mehr ohne jede Vorwarnung und Mäßigung körperlich angriff, sondern ›ansprach‹. Und einkalkulierte, dass der Angelerfolg durch das Reißen der Schnur ein jähes Ende nehmen konnte – ein Herausfordern des Zufalls, das sich professionelle Fischer anders als Hobbyangler bis heute nicht erlauben können.

Die Ökonomie des Einzelgängers

Monate sind seit jenem Morgen am Bootssteg vergangen. Die Luft liegt schwer über dem See, ein Spätsommergewitter kündigt sich an. Heute gehe ich ins Dorf, vorbei an der Kirche und Badeanstalt zum Fischer, ich will eine Marke kaufen, mein Glück versuchen, sehen, ob es noch immer klappt mit den alten Rezepten. Der Weg ist gesäumt von Pappeln, die bei den Fischerfesten früher mit Lampion-Ketten verbunden wurden und der Promenade vom anderen Ufer aus betrachtet nachts ein wenig das Gepräge der Riviera gaben. Oder was wir dafür hielten.

Wenn wir als Jugendliche Hechte fingen, spielte wie eingangs beschrieben immer die Angst mit, dass der Fischer Wind davon bekommen und uns bestrafen könnte. Seit ich denken kann, war der Fischer kein Mann mit Namen, Familie, Persönlichkeit, sondern einfach: der Fischer. Jemand, der Reusen stellte und uns die besten Exemplare vor der Nase wegfing. Jemand, der mitten im Landschaftsschutzgebiet einen Benzinmotor nutzen durfte (was uns zugutekam, da er sich so schon von Weitem akustisch ankündigte, sodass uns genügend Zeit blieb, die Ruten im Schilf zu verstecken). Jemand, der bei Wind und Regen dem Ruderboot gegenüber im Vorteil war. Kurz: jemand, der über uns Anglern stand und vor dem wir uns in Acht nehmen mussten, als der See plötzlich zum ›Produktionsgewässer‹ wurde, in dem unser grüner Angelausweis mit Forellen-Prägung nichts mehr galt.

Mein Freund und ich waren in unserer Ablehnung nicht allein. Wenn man andere Angler fragte, ob sich der Tag am Wasser gelohnt habe, der lange Weg vom Parkplatz durch taunasses, von Spinnweben überwuchertes Gebüsch, so hörte man beinahe immer: Dort müsse man nicht mehr hinlaufen, der Fischer habe alles weggefischt! Dem Fischer wurde stets der Schwarze Peter zugeschoben, wenn der eigene Fischeimer leer blieb und man als Schneider vom Wasser ging; eine sich an das Skat-Spiel anlehnende Redensart, auf der Verliererseite zu stehen. Dabei machte der Fischer nur seine Arbeit, von der er leben musste. Wir hingegen waren zum Spaß am Wasser, und am Ende spielte es keine Rolle, ob wir etwas fingen oder nicht. Vielleicht sorgte gerade das für böses Blut.

Zu den erbittertsten Konflikten am Wasser gehört deshalb nicht, wie man als Außenstehender vermuten könnte, jener zwischen Anglern und Nichtanglern, sondern die Rivalität zwischen Anglern und Berufsfischern. Diese führte in einer mondhellen Nacht dazu, dass mein Vater und ein Nachbar als Mutprobe mit dem Ruderboot zur Reuse fuhren und den Sack im Kahn entleerten, den Fischer also eiskalt um seinen Fang brachten. Der Nachbar ruderte, mein Vater sprang ins Wasser, um ein Seil von der Bodenbefestigung zu lösen und anschließend den langen Stecken aus dem See zu ziehen, mit dem der Reusensack befestigt war. Dann ließen beide den Inhalt ins Boot schwappen, sodass sie mit den Füßen zwischen Aalen, zappelnden Weißfischen und auch einem Hecht saßen.

Als mein Vater wieder an Land kam, sah er vor lauter Wasserpflanzen aus wie Neptun. Kaum zu glauben, dass damals nichts passierte, die Sache nie aufflog. Es hätte mit einer Strafanzeige enden können. Dabei ging es nur um eine einmalige, mir absolut schlüssige Kraftdemonstration. Die Fische selbst brauchten wir in dieser Fülle nicht, die meisten wurden verschenkt oder landeten in der Kühltruhe.

Der hier erinnerte Graben zwischen Anglern und Fischern geht historisch bis ins Mittelalter und auf das Zugeständnis von Fischereirechten zurück. Bis heute haben die Binnenfischer in Deutschland das alleinige Fischereirecht für einen See, abhängig von Gesetzen und Verordnungen der Länder. Sie entscheiden, wenn es sich nicht um ein Vereinsgewässer handelt, wer wo und wie viel angeln darf. In manchen Seen werden große Hechte darum aus ökonomischem Kalkül geschont, zumindest vorübergehend: Denn sie sind ein Gut, das man über den Verkauf von Angelkarten lukrativer monetarisieren kann, als sie aus einer Reuse zu holen und über den Kilogrammpreis zu vertreiben.

Küstenfischer hingegen, die gerade beim Hecht oft der Kritik von Anglern ausgesetzt sind, seit im Internet Videos von Plastikkisten mit Tonnen von Laichfischen kursieren, sind in dieser Entscheidung weniger frei. Sie unterliegen neben dem Seefischereigesetz auch internationalen Abkommen und müssen sich mit dem zufriedengeben, was sie zwischen die Finger bekommen. Denn an den Küsten steht es prinzipiell jedem frei zu angeln.[35]

Aus Sicht der Küstenfischer ist Selbstbeschränkung bei der Hechtentnahme also unvorteilhaft, sie können sich schließlich nie sicher sein, einen schwimmen gelassenen Fisch irgendwann wieder zu fangen. In einem See ist das auch nicht garantiert – man denke an die oben erwähnte Sage vom Teterower Hecht mit der Glocke. Doch ist es dort zumindest theoretisch eher möglich als im Bodden, wenn man die ursprünglichen Fangstellen gut beobachtet.

Die Bedürfnisse sowohl der Küsten- als auch der Binnenfischer sind zudem komplett andere als die der Angler, und auch das illustriert kaum ein Fisch so plastisch wie der Hecht: Für die Berufsfischer zählen Kilogramm, egal ob nun mit wenigen großen oder mit vielen kleineren Hechten erzielt. Für Angler geht es aus symbolischen Gründen hingegen immer um die Größe des einzelnen Fisches, der nachher vielleicht sogar in die Hitparaden der Angelmagazine kommt.

In meiner Kindheit, als der Verkauf der günstigen Angelmarken streng reglementiert war und das Arrangement mit den Anglern noch nicht zum Geschäftsmodell der Binnenfischer zählte, sondern allein der Verkauf von Fischfleisch an Handel und Gastronomie, führte diese Bedürfnisschere insofern zu einem Konflikt, als der Fischer wirklich alles entnahm, was er dem See entnehmen konnte, und die Angler ganz klar als unliebsame Wettbewerber und nicht als Geschäftspartner ansah. Dieses Grundgefühl prägte die Stimmung bei jedem Besuch seines kleinen Verkaufsladens.

Heute verhält es sich umgekehrt. Auch wenn sie harmlos klingt, hat die Trophäenangelei die Hechtbestände mancherorts negativ beeinflusst. Beim Stöbern im Angelladen hört man Insider darüber philosophieren, dass bestimmte Boddenabschnitte für den Ausflug kaum noch lohnten, da neben der Berufsfischerei die Art insbesondere wegen des Verlangens nach dem Haupt kapitaler Hechte dezimiert sei. Trophäenangler

Angeln mit der Fliegenrute – die filigrane und besonders anspruchsvolle Form der Jagd auf Hechte oder Muskies: Bild von James Alexander aus dem Jahr 1919.

aus allen Bundesländern reisten vermehrt an die Küsten und schnitten den über einen Meter langen Hechten nur den Kopf ab, um ihn zu präparieren, alles andere gehe zurück ins Wasser.

Ob dies am Ende nicht Einzelphänomene sind, die sich zu Seemannsgarn an der Ladentheke verspinnen lassen, vermag ich nicht zu beurteilen. Der starke angelsportliche Druck auf den Hecht ist aber zumindest einer der Gründe, warum es mittlerweile Organisationen wie den Deutschen Hechtangler-Club (DHC) gibt, die sich für die Bestandssicherung einsetzen. Im Ausland existieren ähnliche Vereine, so etwa Muskies Inc. in den USA. Mithilfe des sogenannten *selective harvest*, dem gezielten Entnehmen von nur einigen zum Verzehr bestimmten kleineren Hechten, wobei Großhechte schonend zurückgesetzt werden, will man vor allem die wichtigen Laichproduzenten schützen. Von bekannten mecklenburgischen Seen wie der Müritz, dem Plauer See oder dem Fleesensee weiß ich, dass dort mit sogenannten Entnahmefenstern gearbeitet wird. Alle Tiere unter 60 Zentimetern als Mindestmaß und alle Tiere über 90 Zentimetern als Höchstmaß gehen danach zurück in den See, um die Laichfische und damit die Art zu schonen.[36]

Dass es überhaupt dazu kommen konnte, dass man sich in der Anglerschaft um den Hecht sorgt, ist vielleicht insofern bemerkenswert, als man hier im Vergleich zu den Berufsfischern nur auf wenige gefangene Exemplare angewiesen ist. Früher gab es einmal die eiserne Regel, nicht mehr als zwei, maximal drei Fische mit nach Hause zu nehmen und Petrus dafür zu danken (genau wie jene, dass die erste Forelle des Jahres, und sei sie noch so schön, dem Wasser zurückgeschenkt werden müsse, auf dass es ein reichhaltiges Angeljahr werde). Einige Angler reagieren womöglich auch deshalb so empfindlich auf Berufsfischer, weil sie es eben nicht mit ein oder zwei Fischen zum Eigenverzehr gut sein lassen wollen. Zumal dann, wenn sie Geld in eine Angeltour investiert haben.

Berichte über den »Massenfang« der Berufsfischer vor der eigenen Haustür etwa an den Bodden polarisieren indes mehr als der systematische Angeltourismus nach Norwegen oder Island, bei dem man sich einen Teil des Fangs per Luftfracht tiefgefroren nach Hause schicken lässt. Weit über Deutschland hinaus ist das Angeln ein ernstzunehmender Wirtschaftszweig mit Milliardenumsätzen geworden, gegen den sich die Heimatfischer eher harmlos ausnehmen.

Das aus Sicht manches Bestandes augenscheinlichere Phänomen sind aber nicht die pro Person entnommenen Fische, sondern die Zunahme der Angler insgesamt. Denn natürlich entnehmen Angel-Guides mit ihren Gästen relativ gesehen weniger Hechte als professionelle Fischer mit ihren Netzen. Allerdings hat die Zahl der Angler und Angeltouren in den letzten Jahrzehnten stark zugenommen, von der gängigen Praxis, mit Echolot auf die Bodden zu fahren, ganz zu schweigen. Diese Möglichkeit gab es in meiner Kindheit überhaupt noch nicht.

Statistisch entnimmt jeder Angler pro Jahr nur einen Hecht von drei Kilogramm. Wir sprechen heute von über 100 000 Vereinsanglerinnen und Anglern allein in Berlin und Brandenburg, deutschlandweit sind es wie erwähnt vier Millionen, davon die Hälfte im Verband. Und gerade dort setzt man sich höhere Ziele, als nur mit Stippangel und Brötchenteig auf Plötzen anzusitzen, wie man es mit sechs Jahren tut, während das

Als im Zusammenhang mit kontemplativen Angelstunden noch nicht von Wertschöpfungsketten die Rede war: Gemälde eines Hechtanglers mit einfacher Stockrute von Jozef Israëls (1834–1911).

Wasser auf einmal zu kochen scheint, weil ein Hecht jagt und einen aus den Tagträumen reißt.[37] Die Corona-Pandemie hat das Bedürfnis nach dem Draußensein und damit den Trend zum Angeln sogar noch verstärkt, wobei die Ortsvereine die Mitgliederzahlen kaum regulieren.

Mit anderen Worten gibt es an deutschen Binnen- und Küstengewässern mittlerweile mehr als eintausendmal so viele Hobbyangler wie Berufsfischer. Deren Zahl beträgt zusammen mit den in der Seefischerei Beschäftigten knapp 2000 – Tendenz Jahr für Jahr fallend.[38] Hinzu kommen in ähnlicher Größe die Betreiber von Aquakulturen, die beim Hecht kaum eine Rolle spielen, in den Statistiken als Fischindustrie ausgewiesen. Der Wandel von der Berufs- zur Angelfischerei oder zumindest zu gemischten Erwerbsmodellen wirkt sich deshalb auch auf die Hechtbestände aus, die nachvollziehbarerweise ganz oben auf der Wunschliste vieler Angler stehen.

Die Begrifflichkeiten dieses Kapitels zeigen es an: Wer über den Hecht schreibt, landet am Ende bei für eine ›Naturkunde‹ vielleicht ungewöhnlichen Termini wie ›Wertschöpfungsketten‹. Und doch bliebe ein solches Buch unvollständig, ließe es die ökonomische Dimension des Hechts als Angel- und Speisefisch aus. Dessen Nutzung verrät wie die eingangs erwähnten Hechtfotografien nämlich viel über den kulturellen Wandel unserer Zeit. Denn wo Fischer einstmals ihr Auskommen allein mit der Entnahme von Fischen verdienten, bedarf es angesichts der veränderten Verzehrgewohnheiten und Wertvorstellungen mit Blick auf Freizeit und Umwelt heute sogenannter vor- und nachgelagerter Wertschöpfung, also Möglichkeiten der Kommerzialisierung rund um den Hechtfang. Ein kurzer Vergleich mit dem Wandel vom Voll- zum Nebenerwerb in der Landwirtschaft kann dies verdeutlichen helfen.

Von den rund 260 000 landwirtschaftlichen Betrieben in Deutschland, die eine durchschnittliche Größe von 60 Hektar aufweisen – zur Wendezeit waren es noch mehr als doppelt so viele, dafür von deutlich geringerer Größe –, werden mittlerweile die Hälfte im Nebenerwerb geführt. Das bedeutet, dass der Großteil des Einkommens außerhalb der Landwirtschaft generiert wird. Neben der Milch- und Fleischproduktion oder dem Anbau von Getreide und Gemüse verdienen Landwirte zunehmend Geld mit der Vermietung von Gästezimmern, dem Verkauf margenstarker Regionalprodukte und der Erzeugung von Biogas und Solarstrom – von den EU-Direktzahlungen in Milliardenhöhe einmal abgesehen, die auf manchen Höfen mehr als die Hälfte des Betriebsergebnisses ausmachen, gerade auf ertragsschwachen Böden damit das Überleben des Hofes sichern. Oder sie verfolgen nebenbei eine andere berufliche Tätigkeit in der Industrie oder im Handel.

Dieser Trend ist Ausdruck einer größeren Umwälzung von Erwerbsbiografien: Während um 1900 noch jeder zweite berufstätige Deutsche in der Landwirtschaft beschäftigt war, sind es heute weniger als zwei Prozent.[39] In der Fischerei sieht es ganz ähnlich aus. Die am Hafen Pfeife rauchenden und Netz flickenden Fischer, denen man zwei Räuchermakrelen to go abkauft, sind ein Motiv für Postkarten und gehören der Vergangenheit an. Im Grunde ist die Berufsfischerei, weil sie durchschnittlich kleiner strukturiert ist als landwirtschaftliche Betriebe – oft allein oder zu zweit wie im Falle unseres Fischers, der einen

Gehilfen hat –, noch stärker als die Landwirtschaft vom Strukturwandel betroffen.

In Deutschland sind heutzutage wie erwähnt knapp 2000 Berufsfischer an Seen, Flüssen und Küstenabschnitten aktiv. Die Zahl der Fischer ist damit auf einem historischen Tiefststand, nicht nur im Nordosten, wo der Hecht eine größere Rolle spielt als in Süddeutschland. Selbst am Bodensee – der Schriftsteller Martin Walser wohnt in Nußdorf in einer Straße mit dem schönen Namen »Zum Hecht« – geht ihr Anteil konstant zurück. Zwar wird in Tourismusprospekten der Region mit der traditionellen Bodenseefischerei geworben. In Wahrheit aber geben viele Fischer auf und wechseln in andere Branchen. Es geht dabei nicht nur um Nachwuchsprobleme wie in der Landwirtschaft oder Gastronomie mit ihren unwirtlichen Arbeitszeiten rund um die Uhr und zu jeder Jahreszeit. Es liegt auch an strengeren Auflagen, höherem Verwaltungsaufwand, Dokumentationspflichten. Und nicht zuletzt an der Konkurrenz moderner Fischzuchtanlagen.

Wie in der Landwirtschaft wird auch in der Fischerei primär auf das ›Produkt‹ Hecht geschaut, alles andere wäre Träumerei. Genau wie Landwirte sehen Berufsfischer in einer Maximierung der Erträge deshalb die notwendige Grundlage zum Weiterführen ihres Berufs, der wie gesehen ohnehin schwieriger geworden ist und für dessen Erhalt sie kämpfen – auch damit nicht jedes Kilogramm Fisch, das in Deutschland auf den Teller kommt, irgendwann importiert wird. Diese Tendenz bahnt sich wie in der Landwirtschaft unübersehbar an, was dort nicht zuletzt an der wachsenden Konkurrenz mit Energieanlagen auf den ohnehin raren und teuren Böden sowie den politischen Bestimmungen etwa beim Pflanzenschutz und anderem mehr liegt: Immer weniger von dem, was in Deutschland verzehrt wird, wird hier auch produziert und geerntet. Tendenz steigend.

Ähnlich wie bei der Milch, die durchschnittlich 30 Cent pro Liter für den Landwirt bringt, oder bei Eiern, die für unglaubliche 2 Cent pro Stück veräußert werden, bestimmt auch beim Hecht die Nachfrage den Preis. Während diese Nachfrage nach Eiern und Milch hoch ist bei einem noch größeren Angebot, ist jene nach Hechten bei einem überschaubaren Angebot gering. Beides führt letztlich zu einem niedrigen Preis.

Etwa 1000 Euro kostet eine Tonne Hechtfleisch, das sind rund 200 bereits größere Tiere von fünf Kilogramm das Stück. Wohl gemerkt: Anders als Lachse oder Regenbogenforellen handelt es sich hierbei nicht um Arten aus Aquakulturen, für die sich Hechte aufgrund ihrer Lebensgewohnheiten, aber auch aufgrund der geringen Nachfrage nur sehr begrenzt eignen, sondern um Wildtiere, die sich nicht einfach mit Fischmehl und anderen Proteinen mästen und abkeschern lassen, sondern von Fischern bei Wind und Wetter gefangen werden müssen – ein Unterfangen, das übrigens nicht immer von Erfolg gekrönt ist, auch das muss in eine entsprechende Rechnung einkalkuliert werden.

Die meisten der in den Boddengewässern von Fischern gefangenen Hechte, das ist die nüchterne Realität in einer gern über ›regionale Erzeugung‹ sprechenden Gesellschaft, gehen aufgrund der geringen Nachfrage in Deutschland heute nach Polen oder noch weiter nach Osteuropa Richtung Russland, der Hechtrogen oft nach Rumänien.

In der rechten Hand den Kescher, in der linken die gespannte Schnur: Ein alter Mann präsentiert seinen Hechtfang, der anschließend sehr wahrscheinlich gegessen wurde (1957). Heute ist der Verzehr von Hechtfleisch in Deutschland rückläufig.

Man mag über Hechtfleischpreise von einem Euro pro Kilogramm moralisierend streiten, wie dies bei landwirtschaftlichen Themen in den medialen Erregungsblasen geschieht. Zu bedenken ist, dass der Verkaufspreis im Restaurant am Ende um ein Vielfaches höher liegt, wobei die Marge leider ebenso wenig bei den Fischern landet wie im Falle landwirtschaftlicher Produkte bei den Bauern. Auch der Kilopreis von Zandern, die sich in lokalen Restaurants besser vermarkten lassen als die grätenreichen Hechte, liegt bei nur drei Euro, der von Dorschen bei einem Euro, Heringe sind noch günstiger zu erhalten.

Nicht nur Fischer, sondern auch viele Teichwirte etwa bei Karpfen würden deshalb heute unterhalb der notwendigen Marktkonditionen wirtschaften, gäbe es die Hobbyfischer und Angelvereine nicht, die gutes Geld einspielen. Und so, wie Imker ihren Honig in Städten mittlerweile zu höheren Preisen vermarkten als auf dem Land, gibt es für Fahrradgruppen oder Wanderer entlang bekannter Seen in Tourismusregionen inzwischen Fischerhöfe, die Hecht in Gläschen zu Restaurantpreisen offerieren und das Naturprodukt Hecht marktwirtschaftlich ›veredeln‹.

Man kann diesen Trend hin zu höheren Margen beklagen. Aber die Geschäftsmodelle der Zukunft werden immer mehr in Richtung Spezialisierung gehen, sowohl am unteren als auch am oberen Preisrand. Wer im sogenannten Eigenfang hängen bleibt, wie er in den Achtzigerjahren noch ganz selbstverständlich war, gerät zunehmend in die Mühlen von fallenden Verbraucherpreisen durch industrialisierte Prozesse und Importe. Was für den Landwirt heute das Gästezimmer mit hausgemachter Konfitüre sowie die Biogasanlage ist, ist für viele

Berufsfischer darum mittlerweile der Angeltourismus. Denn hier ist die Wertschöpfungstiefe mit Angel-Guides, Tagesberechtigungen, Gästezimmern, Gastronomie und Bootsmieten eben deutlich höher. Und im Idealfall werden so auch die Bestände erhalten.

Man kann den Angeltourismus darum tatsächlich als »unterschätzt« bezeichnen – als ein Hobby, das ganz anders als in meiner Jugend zu einem ernstzunehmenden Geschäft geworden ist. Auch, und das ist der springende Punkt, weil die eigentliche Fischerei aufgrund der Importmöglichkeiten von Fisch ebenso wie durch Nachwuchssorgen angesichts überschaubarer Einkommensperspektiven in einem körperlich anstrengenden Beruf gesellschaftlich unter Druck geraten ist.[40] Und natürlich auch, weil Angeln ein jagdähnliches Naturerlebnis im Freien schafft, das in einer zunehmend digital arbeitenden und lebenden Gesellschaft offenbar viel Zuspruch erfährt.

Auch in unserem Dorf wird es nur mit Gästen von außerhalb gehen, denen der Fischer mehr als nur den Fisch verkauft: Er bietet ihnen eine Erfahrung an, ein Gefühl, denn der heimatnahe Tourismus boomt. Der von uns als Jugendliche angefeindete Fischer wird darum noch stärker unternehmerisch denken, Kindern aus der Stadt vielleicht das Ausnehmen der Tiere demonstrieren, das spektakuläre Entleeren der Hechtmägen, sie womöglich erstmals in ihrem Leben eine mit Luft gefüllte Schwimmblase eines Hechtes berühren lassen – das Gesamterlebnis See ist gefragt, nicht mehr nur ein Fisch auf dem Teller im nahegelegenen Gasthof.

Wo sich Städter im Wunsch, das ursprüngliche Dorfleben vorzufinden, auf dem Land niederlassen, kommt es oft zu lebensweltlichen Widersprüchen, bisweilen sogar Konflikten. Und doch wird die Stadt aufgrund ihrer Kaufkraft, aber auch ihrer Affinität zu Erzählungen rund um heimatnahe Produkte nicht anders als in der Landwirtschaft am Ende den Ausschlag dafür geben, wie die Binnengewässer in Zukunft genutzt werden. Und ob Hechte als regionale Speisefische wieder jene Wertschätzung erfahren, die sie meiner Meinung nach verdienen. Oder aber gänzlich in Vergessenheit geraten.

Hechte essen

Du darfst beim Ausnehmen niemals die Galle treffen, wenn du den Fisch essen willst, sagte mein Vater einmal, als wir Erfolg beim Angeln hatten. Anschließend schuppten wir den Hecht und schnitten ihn in Stücke, die wir am Abend auf der Haut brieten.

Ich schaute in die Pfanne und konnte nicht glauben, dass es derselbe Fisch war, mit dem ich wenige Stunden zuvor gekämpft hatte. Die Erinnerungen an den Fang hoben dieses Essen auf eine andere Ebene. Mir kam es so vor, als hätten wir uns in eine größere Kette des Lebens eingeklinkt. Zuvor hatten wir den Inhalt des Magens untersucht (Friedfische hingegen besitzen nur einen langen Darm), der aus zwei kleinen, kaum verdauten Fischen bestand, ich meine Plötzen. Wir hatten mit anderen Worten einen Hecht gefangen, der zuvor selbst Beute gemacht hatte und nun vor uns auf den Tellern lag.[41]

Eingedenk der zuletzt geschilderten Hechtfleischexporte nach Osteuropa und seiner primären Nutzung als Angelfisch soll es in diesem vorletzten Kapitel darum gehen, welche Rolle der *Esox* in der gegenwärtigen Gastronomie überhaupt noch spielt – und woran es liegen könnte, dass der Geschmack von Hechtfleisch immer weniger bekannt ist.

Dies liegt, so möchte ich auf wenigen Seiten zeigen, vor allem am heutigen Zuschnitt der Wertschöpfungsketten vom Wasser bis in den Supermarkt. Und zwar entscheidender als am mo-

Gebraten oder gegart mit einem Schuss Weißwein im Sud: Der Hecht war bereits im 19. Jahrhundert ein hervorragender Speisefisch.

dernen Gaumen oder am Umstand, dass der Hecht starke Gräten aufweist, wobei man eine kleine Kulturgeschichte zur Frage schreiben könnte, was wir mittlerweile als störend empfinden beim Fisch- und Fleischkauf, was wir uns an Gerüchen und optischen Makeln noch zumuten und wann wir vielleicht lieber auf Eingeschweißtes aus Tiefkühltruhen zurückgreifen, auch weil uns eine anspruchsvolle Zubereitung von Lebensmitteln aus zeitlichen Gründen im Alltag schreckt. Wir nennen es Convenience.

Der Hecht ist ein hervorragender Speisefisch. Man kann ihn in Butter braten oder auf den Punkt garen, vielleicht einen Tick über die Glasigkeit hinaus, mit etwas Lauch, Karotten- und Erbsengemüse, Salzkartoffeln, einem Schuss Weißwein im Sud oder auch einer Speckschwarte im Bräter – ein einfaches und dennoch kostbares Gericht. Denn in Zeiten der professionalisierten Lachs- und Pangasius-Zucht ist der Hecht insofern eine Ausnahme, als so gut wie alle Hechtfänge wie bereits geschildert auch tatsächlich Wildfänge sind. Ein Hecht-Menü ist wie eine Rehkeule oder ein Stück Wildschwein: noch immer Resultat eines Einzelfangs in einem natürlichen Habitat.

Dabei nimmt der Hecht gleich zu Beginn eine wichtige Hürde, indem er nicht ›fischig‹ oder modrig schmeckt, wie dies bei großen Karpfen oft der Fall ist. Man muss ihn nicht in kaltem Leitungswasser auslaufen lassen. Stammt er aus einem Hecht-Schlei-See, kann er schon mal etwas strenger schmecken, aber das ist selten. Als Fisch, der im freien Wasser jagt und nicht im schlammigen Boden gründelt, hält er sein Fleisch rein.

Die postmoderne Ernährungskultur ist im Falle des Hechtes paradox: Nie wurde das Regionale von der politischen Rhetorik bis zur Werbung des Einzelhandels höher geschätzt als heute. Dennoch stehen vor allem importierte Meeresfrüchte hoch in der Gunst der Verbraucher, die pro Jahr und Kopf rund 14 Kilogramm Fisch verzehren. Deutschland hat aufgrund der Dominanz der Salzwasserfänge bei Fisch deshalb nur einen Selbstversorgungsgrad von 25 Prozent. Und es kompensiert diesen nicht durch Fisch aus Binnengewässern. Es müssen Meeresfisch, Krabben oder Muscheln sein.

Hecht findet man auf keinem regionalen Wochenmarkt in der Großstadt. Selbst in der neuen Küche der Berliner Szene-Restaurants, in der es schon mal Havelzander gibt, kommt er nicht vor. Das Nobelhart & Schmutzig wirbt beispielsweise mit dem Motto »brutal lokal«, um Produzenten »im Berliner Umland in den Fokus der Aufmerksamkeit zu rücken«. Darüber hinaus sei die »Teilhabe am Reichtum der Natur um Berlin eng verknüpft mit den Themenbereichen Umwelt, Wirtschaft, Herkunft und Identität. Essen ist immer auch ein politischer Akt.«[42] Der Hecht als lokaler Champion zählt nicht dazu, wenn man sich die Karte genauer ansieht.

Auch bei Nordsee und anderen Restaurantketten sieht man ihn nicht. Und so ist es überall in der Hauptstadtgastronomie vor den Toren der Spree- und Havelregion sowie der Mecklenburger Seenplatte. Ob es im Fischrestaurant Fischers Fritz am Berliner Gendarmenmarkt früher Hecht gab, entzieht sich meiner Kenntnis. Heute heißt das Restaurant Charlotte und Fritz. Es wirkt kosmopolitischer, um im Wettbewerb einer international attraktiven Metropole mitzuhalten. Was ›zeitgenössisch‹ meint, sieht man allerdings nirgends besser als am Fisch: Doraden (Goldbrassen), Loup de mer, Barben aus dem Mittelmeer, nicht Fisch aus deutschen Gewässern – je exotischer und ferner, desto besser, so wollen es offenbar die Gäste. Auf der Karte des besagten Restaurants stehen King Crabs, Bisque vom amerikanischen Hummer und Kaviar vom Russischen Stör, beheimatet in der Region des Schwarzen und Kaspischen Meers. Und natürlich Wildlachs aus norwegischen Fjorden.

Thesenhaft ließe sich formulieren: Die Fischgastronomie der Großstädte ist auf Teufel komm raus international geprägt, wenn sie etwas auf sich hält. Beim Fisch ist sie gerade nicht-regional, wie es der Restaurantbetrieb oder Handel für Gemüse, Wild oder Milchprodukte betont.

Der Hecht, der vor den Toren Berlins in überschaubaren

Stückzahlen gefangen werden könnte, ist, man muss es so kategorisch sagen, kein Thema mehr für die deutsche Spitzenküche. Nicht für den wenig preissensiblen Restaurantgast und auch nicht für die Besucher der Food-Courts oder all jene, die Fotos von ihrem Essen in sozialen Netzwerken posten.

Bis auf wenige Landgasthöfe, die sporadisch von Fischern beliefert werden, haben die Speisekarten den Hecht weitgehend vergessen. Und es liegt der Verdacht nahe, dass dies primär aus einem marktwirtschaftlichen Grund geschieht: der zunehmend vertikalen Integration vieler Prozessschritte in der Lebensmittelproduktion, wie sie auch in der Landwirtschaft im Geflügelbereich oder von der Ferkelproduktion bis zum verbrauchsfertigen Schwein aus Gründen der Marktdominanz und Kalkulierbarkeit von Produkten tonangebend geworden ist. Sprich: der Zusammenführung möglichst vieler Elemente einer Produktionskette unter einem Unternehmensdach oder zumindest mit festen Lieferantenstrukturen, bei denen Kosten gespart werden und möglichst wenig dem Zufall oder witterungsbedingten Launen der Natur überlassen wird. Auch dazu noch einige wenige Sätze.

Vor allem die Lieferzuverlässigkeit setzt sich heute immer mehr als ein entscheidendes Kriterium dafür durch, was im Handel landet und was nicht. Der Verbraucher möchte – von allen geschmacklichen, gesundheitlichen und ökologischen Argumenten abgesehen – in puncto Verfügbarkeit und Schnelligkeit der Lieferung keine Kompromisse mehr eingehen. Er möchte die vertrauten Produkte jahreszeitunabhängig erhalten und hat beim digitalen Bestellen den Amazon- oder Gorillas-Reflex so stark verinnerlicht, dass jede Kaufentscheidung in möglichst kurzer Zeit zu einer Lieferung führen sollte – das Gegenteil des Sonntagsbratens unserer Eltern und Großeltern, auf den man sich lange freuen musste, bis man ihn genießen konnte.

Wir warten nicht mehr gern. Selbst Bio-Metzger berichten, dass nur wenige Kunden sich am Freitag oder Samstag mit der Aussage zufriedengeben, dass die Ware bereits aus sei und nur am Montag geschlachtet werde, weshalb man ein bestimmtes Stück Fleisch erst am Dienstag wieder kaufen könne. Und so ist es auch mit dem Gemüse, weshalb alle Biomarkt-Ketten großzügig zukaufen, um ein bestimmtes Sortiment stabil zu halten und den Kunden bloß keine leeren Regale zu präsentieren. Wie sähe ein Bio-Discounter aus, der wirklich Ernst machte und nur das anböte, was saisonal oder tageszeitlich verfügbar ist?

Dies prägt die Planung der Produzenten, die quasi lückenlose Produktionslinien von der Erzeugung bis zum Vertrieb unter einem Dach aufbauen, um die Lieferantenabhängigkeit zu reduzieren und mehr Kosten- und Zeitsouveränität zu erlangen. Und dies prägt am Ende auch den Geschmack einer Generation, die das zu konsumieren lernt, was 24/7 verfügbar ist. Auch wenn sie vielleicht sogar gern regionalen Hecht oder Barsch aus der Müritz äße, bekommt sie Alaska-Seelachs (der kein Lachs ist, sondern eine Dorschart, der Köhler) oder Dorade, die mit Schleppnetzen im Mittelmeer gefangen wird, nun mal zuverlässiger im Berliner Frischemarkt. Vorbei die Zeiten, in denen Fontanes Erzähler in den *Wanderungen durch die Mark Brandenburg* ausrufen mochte:

> *Und nun das Mahl selber! Das wäre kein echtes Spreewaldsmahl, wenn nicht ein Hecht auf dem Tische stünde.*

Die Leber ist von einem Hecht und nicht von einem Schleie. Der Fisch will trinken, gebt ihm was, daß er vor Durst nicht schreie.[43]

Der Hecht ist damals wie heute im besten Sinne Hausmannskost, keine zeitgemäße Massenware wie der Lachs, seit dem Entstehen großer Farmen in den 1990er Jahren Highlight jedes Frühstücksbuffets in Hotels oder beim Sonntagsbrunch, oder die ebenfalls vollständig aus der Zucht stammende Regenbogenforelle, die einmal aus Amerika eingeführt wurde und mittlerweile so etwas wie der deutsche Pangasius ist, zu finden in jedem Kühlregal – gleich neben dem Lachs. Man setzt die Regenbogenforelle zudem als Angelfisch Jahr für Jahr zu Abertausenden in Flüssen und Bächen ein, aber auch in kommerziellen Angelteichen mit Stundengebühren, sogenannten ›Forellenpuffs‹. Nahezu alle Forellen in unseren Breiten sind heutzutage Besatzfische. Auch das ist moderne Naturgeschichte.

So gut wie kein Hecht, den Sie jemals gegessen haben oder nach der Lektüre dieses Buchs vielleicht einmal probieren möchten, stammt hingegen aus einer vergleichbaren Zucht. Es gibt zwar ein paar Hecht-Teiche in Bayern, aber wie schon mehrfach erwähnt handelt es sich beim Hecht zumeist um einen Wildfang, da sich Hechte wegen ihres aggressiven Sozialverhaltens nur schwer in Gruppen halten lassen. In Amerika hat dies mittlerweile zu wissenschaftlichen Kreuzungen hin zu einer Art geführt, die friedlicher ist und sich besser in größeren Stückzahlen halten lässt. Sie trägt ironischerweise den Namen Tigerhecht.

Dabei entzieht sich der Hecht durch seine Vorliebe für Wehre, Pflanzen und umgestürzte Bäume der Fischerei im großen Stil.

Wo Hechte leben, lassen sich keine Netze über den Grund des Meeres ziehen, deren Inhalt in sogenannte Entlader ausgekippt und an Ort und Stelle ausgenommen, filetiert und eingefroren wird. Die allgegenwärtige Economy of Scales vom Hühnerstall bis zum Maisfeld und Fischtrawler: Sie versagt beim Hecht kolossal.

Der Hecht ist in seiner Fangprognose stark schwankend – und wird darum in einer zunehmend von Effizienz und Verfügbarkeit geprägten Ernährungswelt zum Outsider. Er ist eine unrentable, weil nicht zu kalkulierende Jagdbeute der Fischer und Angler, denn der größte Kostenfaktor moderner Wirtschaftskreisläufe ist die exakte Kalkulation von Material, Arbeitskräften, Produktion und Distribution – etwas, das bereits Thomas Mann in den *Buddenbrooks* als »Termingeschäft« bezeichnete, das Bezahlen einer Mecklenburger Weizenernte »auf dem Halm«, die dann durch einen Hagel vernichtet wird.

In diesem Sinne bekommt das Nachdenken über die ›Sperrigkeit‹ des Hechtes als Wildfisch durchaus eine andere Dimension. Schon in den 1980er Jahren musste glücklicherweise niemand mehr stundenlang im Schilf verharren, um am Ende das Abendessen mit nach Hause zu bringen. Ein lebend gekaufter Karpfen in der Badewanne war auch damals nicht deshalb ein Grund zur Freude, weil er Stunden später ein elementares Bedürfnis stillen würde, sondern weil er eine Notwendigkeit simulierte.

Nicht anders verhält es sich heute mit Hühnern im eigenen Garten, die man gegen zutrauliche Stadtfüchse oder Waschbären verteidigt. Oder mit ungespritzten Tomaten vor dem Bal-

Bis heute die Urform des Freizeitfischens: Angler mit zwei einfachen Handangeln. Gemälde von Charles Emile Jacque, 1864.

konfenster. Es sind Kulturpraktiken aus Freude am Konkreten ebenso wie aus Überdruss an der Allverfügbarkeit des Notwendigen. Sie spiegeln die Sehnsucht nach Rückbindung an etwas wider, was wir als elementar empfinden und verloren glauben. Dazu gehören auch jahreszeitliche Bezüge, die wir angesichts der ganzjährigen Verfügbarkeit von importiertem Fisch, Obst oder Gemüse im Kühlregal nicht mehr zu beachten bräuchten.

Und doch geht ein gewisser Zauber von jenen einfachen Regeln aus, die den Verzehr von Nahrung an ihre Verfügbarkeit binden. »Wenn der Raps zu blühen beginnt, der Hornhecht an die Küste schwimmt«, lautet ein Reim, der die wenigen Wochen benennt, in denen große Heringsschwärme und mit ihnen die Hornhechte an die Küsten der Nord- und Ostsee kommen. Fisch und Meeresfrüchte, lehrt der Volksmund, sollte man besser in den kalten Monaten mit ›R‹ im Namen essen, also in der Zeit von September bis April. Während der Sommermonate hat das Fleisch aufgrund der Algenblüte nämlich oft einen anderen, bisweilen modrigen Geschmack als im kalten Frischwasser in Herbst und Winter. Gerade der Karpfen war immer ein klassischer Winterfisch, auch weil er sich wie erwähnt Fettreserven anfrisst.

Die Entgrenzung von Raum und Zeit ist in der Allverfügbarkeit und jahreszeitlichen Autonomie des modernen Frischemarktes zur Normalität geworden. Auch deshalb ist der Hecht in den Hintergrund des kulinarischen Interesses gerückt, obwohl Küche und Garten seit Jahren im Trend liegen: Der *Esox* verweigert sich dem Verdikt der Planbarkeit und der möglichst effizienten Nutzung der Zeitkontingente so konsequent wie kaum eine andere Art. Ökologisch betrachtet, aber auch hinsichtlich der Achtsamkeit für das Glück des unverhofften Moments, ist er damit der Fisch der Stunde.

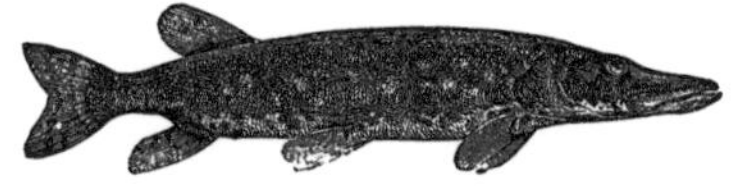

Auf dem Eis

Der Sommer ist vorüber, mein Hecht am Steg nicht mehr in Sicht. Wahrscheinlich hat er sich gut von Plötzen und Karauschen ernährt und mit vollem Magen vorübergehend in tiefere Schichten des Sees zurückgezogen. Womöglich ist er auch einem Angler oder dem Fischer erlegen. Der September war noch warm und voller halbmondköpfiger Ringelnattern, die um den Steg herumschwammen. Doch das Kalenderjahr geht nun merklich dem Ende entgegen. Die Temperaturen werden bereits einstellig.

Nun beginnt das Jahr des Hechts, stellt man, wie in Kapitel zwei erwähnt, die Vorbereitung auf die Fortpflanzung an den Anfang einer eigenen Zeitrechnung. Der Zyklus der Natur beginnt naheliegenderweise nicht nach der Silvesternacht, auch wenn sich das Jahr des Anglers synchron zum Kalender beschreiben lässt.

Vielleicht nicht zufällig, kehrt man zur Frage zurück, welcher heimische Fisch am Ende ikonisch für die Welt unter Wasser ist, zeigt der herausragende Band *Das Jahr des Anglers* aus dem Jahr 1980 eine Hecht-Fotografie des tschechischen Fotografen Sláva Štochl auf dem Umschlag – ein fotografischer Ritterschlag angesichts der Vielzahl anderer möglicher Motive.[44] Dasselbe gilt für einen Fotoband dieser Zeit, *Unterwasserfotografie*. Beide Bände standen in unserem Bücherregal und begleiten mich bis heute.

Zwei Hechte am Flussufer, *so der Titel des Gemäldes von Albert Flamen von 1664. Die Malerei der Frühen Neuzeit bildet Tiere und Pflanzen nicht in ihrer natürlichen Umgebung ab, sondern ordnet sie ästhetisch an.*

Jetzt ist er also da, der späte Herbst, die Zeit der großen, erfahrenen Hechte, deren Färbung mit zunehmendem Alter ins Steingraue geht. Und die sich anders als ihre Beutefische nicht genügend Fettreserven für die Wochen nahe dem Gefrierpunkt anfressen können.

Wer nun selbst in dicke Schichten eingepackt und mit klammen Fingern am Wasser steht, sieht nicht nur Äste und Laub den noch offenen Kanal heruntertreiben. Man riecht die aufsteigende Kälte, das modernde Holz der Erlen und die anderen abgestorbenen Pflanzenreste. Genau wie die Gase, die bei jedem Schritt mit den Thermogummistiefeln aus dem Morast emporsteigen. Gerüche der Vergangenheit. Wie bei alten Jacken oder Rucksäcken, die man nach langer Zeit wieder aus dem Schrank nimmt und in denen man einen Fahrschein oder ein Kaugummi findet.

Wenn es im Leben eines Anglers jenen Moment gibt, in dem aus einem Spiel plötzlich Ernst wird, in dem die Natur ihre ungezügelte und beängstigende Seite zeigt, so ist dieses Gefühl für mich immer mit dem Hecht verbunden gewesen. Dieses Gefühl ist elementar, wenn auch untypisch für das Naturbild einer Gesellschaft, welche die Verletzlichkeit der Natur in den Mittelpunkt gerückt hat und weniger nach der Selbstvergewisserung des Menschen in einer schier unergründlichen natürlichen Ordnung strebt, wie dies für die Antike und die Frühe Neuzeit galt. Unser Zeitalter ist nicht nur zum Anthropozän im Sinne Paul Crutzens geworden, in dem der Mensch einen, vielleicht den entscheidenden Systemfaktor darstellt, sondern auch zu einem des Anthropozentrismus, der den Menschen geflissentlich überhöht, indem er ihn zum alleinigen Garanten der Natur erklärt, wie der Philosoph Martin Seel feststellt.[45]

Wochen später, Anfang Januar. In einer merkwürdigen Klarheit trennt die Eisschicht alles, was sie unter sich eingeschlossen hat, von dem, was über ihr ist. Die laublosen Bäume legen die Sicht auf die ruhenden Windräder am Ende eines Feldes auf der anderen Seite des Seeufers frei. Die Stille ist heute noch größer als sonst. Nur ab und zu hört man einen Vogel und von Ferne die Autobahn.

Als ich den Steg betrete, knackt das Holz. Ich gehe vorbei an den im Schilf liegenden Kähnen und trete mit einem Fuß aufs Eis. Welche Ungewissheit doch mit dem Eisangeln verbunden ist! Das Geschehen ist dann auf einen Ausschnitt konzentriert, der an das Operationsfeld eines Chirurgen erinnert, gerade groß genug, damit ein Fisch hindurchpasst, am liebsten natürlich ein Barsch oder ein Hecht, wunderschön anzusehen im Schnee:

> *Wenn ich sie auf dem Eis liegen sehe oder in dem Wasserbecken, das der Fischer aus dem Eis herauspickelt, staune ich immer wieder über ihre erlesene Schönheit, als wären es Fabelwesen, so fremd wirkt ihre Schönheit hierzulande. Eine sinnverwirrende, überirdische Schönheit ist ihnen eigen, die sie weit abrückt von dem leichenhaften Kabeljau und Schellfisch, von denen auf dem Markt ein solches Geschrei gemacht wird.*[46]

Wohl kaum jemand hat dem Hecht einen so frenetischen Ausruf als literarische Würdigung hinterlassen wie Henry David Thoreau. »Ah, diese Waldenseehechte!«: Man könnte diesen Satz glatt als Motto vor ein solches Buch setzen.

Mich haben seine Schilderungen in *Walden* allerdings nie aus romantischen Gründen begeistert. Nicht wegen der Askese und des Beweises, wie wenig der Mensch für die Wahrung seiner Bedürfnisse braucht. Natur bedeutete bei Thoreau mit seiner *Resistance to Government* immer auch Freiheit, Regellosigkeit, ziviler Ungehorsam – Gefahr. Der Weg nach draußen war der Weg aus Konventionen. Es ging darum, über die Stränge zu schlagen und die Bedenken aus der Stadt abzulegen. Natur war das Gegenteil von Spießigkeit, weshalb wir uns als Halbwüchsige in der Schilfhöhle vielleicht so wohlfühlten. Was passte perfekter zum König der Räuber, der jedem Angler früher oder später mit seinen Zähnen die Finger aufreißt und ihn zugleich sprachlos macht durch seine einmalige Färbung!

> *Sie sind nicht grün wie die Tannen, auch nicht grau wie die Steine am Ufer, noch blau wie der Himmel, nein, sie prangen in ganz eigentümlichen Farben, wie Blumen oder Geschmeide, als wären sie Perlen, der Tier gewordene Inbegriff des Waldensees.*[47]

Was bleibt letztlich also vom Hecht? Was kann er uns heute sagen? Das moderne Naturbild ist keines mehr, das sich vor allem empirisch vermittelt, wie dies für frühere Generationen mit Bezug zur Land- und Fischereiwirtschaft noch galt. Hechte sind weder Gegenstand von Hollywoodfilmen noch von Dokumentationen, über sie wird weder im Schulunterricht noch an Volkshochschulen gelehrt. Nur wenige zoologische Gärten zeigen Hechte, insofern sie über ein Süßwasseraquarium verfügen. Meine Kinder haben Peter Wohllebens Buch *Das Seelenleben der Tiere* geschenkt bekommen, eine Art Best-of jener Tiere, die uns gegenwärtig am Herzen liegen. Rehwild, Eichhörnchen, Schweine, Hunde, Katzen, Pferde, Wölfe, Hasen, Bären, Krähen, Biber, Affen, Schnecken, Bienen. Nicht aber Hechte. Der Hecht gilt, um den Titel dieses Bestsellers aufzugreifen, eher als seelenlos, er rührt uns nicht an – und bleibt so ein Fremder.

Abgesehen von vereinzelten Gasthaus- und Straßennamen oder Brunnen wird der Hecht heute deshalb vor allem als Angelfisch wachgehalten, und damit als ritualisierter Gegner. Allein die Jagd auf ihn hält ihn im Bewusstsein der Öffentlichkeit lebendig, zumal er als Speisefisch wie gesehen immer mehr in Vergessenheit gerät.

Vielleicht verrät er uns gerade deshalb etwas über unsere Zeit, über unser bisweilen eingeschränktes Verständnis von

Raubfisch und Beutefisch: Wie kaum eine andere einheimische Art verkörpert der Hecht die Kette zwischen Jagen und Gejagtwerden. Für diesen Esox, festgehalten vom Fotografen Axel Heller, endete das Leben wahrscheinlich in einer Reuse aus Weidenholz, wir wissen es nicht.

Natur – das Verständnis von Regionalität und Nahrungsproduktion in einer Generation, der die Grundlagen von Landwirtschaft und Fischfang angesichts der modernen Arbeitsteilung unfreiwillig abhandenkommen. Das Verständnis von Töten und Sterben, das so konkret ist wie eh und je, von uns aber gern ausgeblendet und delegiert wird.

Sich angelnd in einer Nahrungskette zu verorten, und sei es nur für einen kalten Herbsttag, ist eine Demutserfahrung, durch die einem die Hybris moderner Verwertungsketten bewusst wird, ebenso wie der apokalyptische Kitsch vieler gegenwärtiger Naturschilderungen aus der sicheren Distanz der Stadt. Man muss nicht zum Hechtangler werden, um ein besseres Verständnis der Vielschichtigkeit des Wortes Ökologie zu bekommen. Aber am Beispiel des Hechts wird deutlich, warum es immer die Perspektive des einzelnen Tieres ist, die uns erst die Art, dann die Natur im Ganzen zu verstehen hilft.

Ich möchte den Angelshop nicht als Tor zum Licht überhöhen. Der morgendliche Weg durchs Schilf ist keine Wallfahrt, von der man geläutert zurückkehrt. Und doch kann eine alte Fiberglasrute begreiflich machen, dass in der gegenwärtigen Zuspitzung des Naturbegriffs auf das Klima eine geistige Verengung liegt, und zwar nicht nur hinsichtlich des Zielkonflikts durch die Industrialisierung vieler Landschaften zum Zwecke der Stromgewinnung. Die Natur wird auch immer weniger in ihren konkreten anschaulichen Details erfasst, sondern vielmehr abstrakt über wissenschaftliche Annahmen. Diese sind wichtig. Aber sie bleiben ein Ausschnitt der großen Natur – und dessen, wie Menschen sie erleben, was sie für sie an Positivem bewirkt.

Welche Wahrnehmung der Welt liegt dem heutigen Naturbild also zugrunde, und was hat es mit dem Hecht zu tun? Seit Längerem fällt mir in meinem persönlichen Umfeld auf, dass nicht wenige Bekannte kaum noch zwischen einem Karpfen, einer Schleie und einer Karausche unterscheiden können, verwandten regionalen Fischen. Mancher tut sich bereits schwer beim Bestimmen der vier Hauptgetreidearten. Wie passt es zusammen, dass uns das Lesen des Flugbilds von Greifen wie Mäusebussarden, Milanen und Rohrweihen Probleme bereitet, während uns die Erderwärmung oder die Biodiversität als Faktum wichtig sind? Wie gut kennen wir die Natur noch? Gibt es Parallelen zum 19. Jahrhundert als historischem Außenposten vor dem Auseinanderfallen des Goethe'schen und Humboldt'schen Wissensideals in Einzelwissenschaften, die, um es mit Georg Simmels berühmter *Krisis der Kultur* von 1916 zu sagen, seitdem Buch an Buch, Erfindung an Erfindung, Kunstwerk an Kunstwerk reihen und mit dem Anspruch, aufgenommen zu werden, als isoliertes Wissen an uns herantreten?[48]

So gesehen macht es vielleicht einen Unterschied für den späteren Blick auf das System Natur, wenn bereits Kinder Erfahrungen wie jene machen, die der zu Beginn dieses Buches zitierte schwedische Autor Patrik Svensson beim barhändigen Hereinziehen eines Aals an der Langleine beschreibt: »Ich versuchte ihn im Genick zu packen, er ließ sich jedoch kaum festhalten. Wie eine Schlange wandt er sich bis über den Ellenbogen um meinen Unterarm.«[49]

Und insofern lohnt es sich auch, mit dem Hecht nicht nur einen atemberaubend schönen, sondern auch einen charakterstarken Fisch wiederzuentdecken, der kaum noch Bestandteil unseres Naturempfindens ist. Wie andere Wildtiere ist er ein Beweis dafür, dass es vor unserer Haustür trotz aller Herausforderungen, die eine Welt im Wachstum mit sich bringt, eine Natur des Konkreten zu bewundern gibt. Eine Natur, die man nicht überfordern, aber auch nicht musealisieren oder als Projektionsfläche für Rettungstaten begreifen darf, sondern mit der man im Wissen um ihre Zusammenhänge verantwortungsvoll leben muss.

Wer sich auf den Hecht einlässt, kann einen großen Individualisten entdecken, der beim Wort ›Schwarmintelligenz‹ die starren Augen verdrehen würde. Und einen Fisch, der seit Jahrtausenden erstaunlich robust auf Umweltveränderungen reagiert, der sich weitgehend selbst regeneriert, seine Nachkommenschaft natürlich zur Welt bringt, ganz ohne uns. So, wie wir die Natur am liebsten sehen.

Nordischer Hecht

Esox lucius

Northern Pike
Brochet du Nord

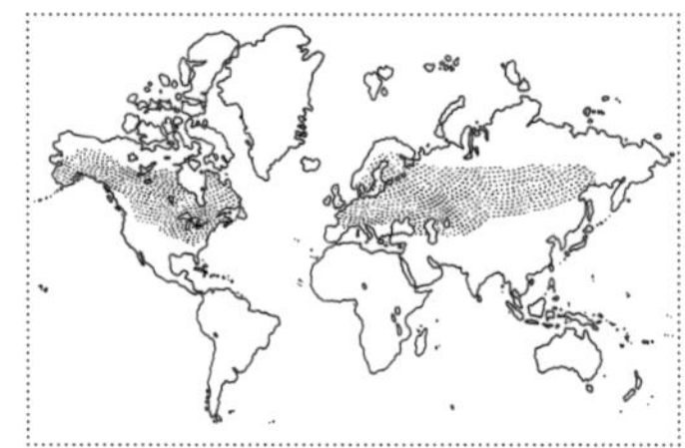

Der Nordische Hecht ist der Archetypus des Hechts. Er kommt in so gut wie allen Gewässertypen Europas, Asiens und Nordamerikas vor, in Flüssen mit Altarmen ebenso wie in kleineren Seen, sogenannten Hecht-Schlei-Seen, Stauseen und Boddengewässern mit Süßwasseranteil. Nicht jedoch in reinem Salzwasser.

Der Hecht gilt seit jeher als besonders gefräßiger Räuber, der auch vor Wasservögeln und kleinen Säugetieren wie Mäusen und Bisamratten nicht zurückschreckt. Er ist ein Einzelgänger, der zumeist im Schutz der Ufervegetation verweilt und von dort aus als Lauerjäger aktiv wird. Nur selten wandert er zum Jagen.

Nordische Hechte können in seltenen Fällen eine Länge von 150 Zentimetern erreichen, häufiger sind Exemplare zwischen 110 und 130 Zentimetern. Sie werden mit maximal 30 Jahren genauso alt wie die ebenfalls zu den Hechtarten zählenden Muskellungen.

Hechte sind beliebte Angelfische, da ihre Angriffslust als sprichwörtlich, ihre Fluchten als spektakulär gelten. Viele Angler fasziniert ihr torpedoähnlicher Körperbau, die grüngelb gefleckte Färbung und das mit starken Zähnen versehene Maul. Das setzt sie mittlerweile vielerorts unter Druck.

Als Speisefisch wird der Hecht außerhalb kleiner Restaurants in Wassernähe heute nur noch selten verwendet. Insbesondere in den Städten ist der grätenreiche Fisch von den Speisekarten verschwunden und durch Meeresfische ersetzt worden.

80 cm

Südlicher Hecht
Esox cisalpinus

Southern Pike
Brochet du Sud

Der dem lateinischen Namen nach südlich der Alpen beheimatete Südliche Hecht umfasst die Hechtpopulationen des nördlichen und mittleren Italiens, die damit von den nordeuropäischen Hechten unterschieden werden und als selbständige Art gelten. Südliche oder auch ›Italienische‹ Hechte kommen allerdings nicht nur in Mittel- und Norditalien vor, sondern auch in Südostfrankreich und der Schweiz. Sie sind deutlich kleiner und filigraner als ihre nördlichen Artverwandten, ihre Gestalt ist ›weicher‹.

Südliche Hechte werden lediglich bis zu 100 Zentimeter lang und 17 Kilogramm schwer, die durchschnittliche Länge beträgt 35 Zentimeter, ihr Höchstalter 13 Jahre. Wie bei den Nordischen Hechten und anderen Hechtarten mit Ausnahme der Muskellungen laufen ihre Schwanzflossen rund aus. Sein Maul weist wie das des Nordischen Hechtes und der anderen Hechtarten die typische Entenschnabelform auf.

Auch sie sind Raubfische, die sich von kleinen Fischen und anderen Wassertieren wie Krebsen ernähren.

40 cm

Muskellunge

Esox masquinongy

Muskie
Maskinongé

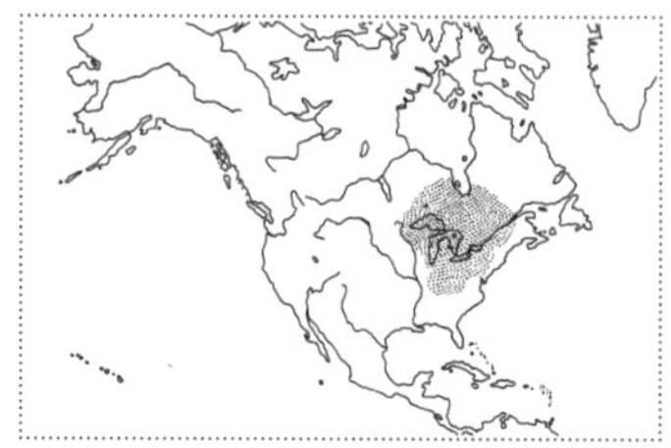

Der Muskellunge ist der Hecht der Neuen Welt, wo er vor allem in den nördlichen und östlichen Bundesstaaten vorkommt. Anders als die Regenbogenforelle ist er außerhalb der USA und Kanadas bislang nicht heimisch geworden. Ein wesentlicher Grund dafür ist, dass Muskellungen stärker auf Umweltveränderungen reagieren als die als robust und anpassungsfähig geltenden Nordischen Hechte.

Muskellungen unterscheiden sich in Körperbau und Kopfform bereits auf den ersten Blick von den beiden vorgenannten europäischen Hechtarten und erinnern mit ihren spitzeren, weniger entenschnabelförmigen Mäulern eher an Barrakudas. Sie können bis zu 210 Zentimeter lang und 50 Kilogramm schwer werden und sind damit die größte Hechtart überhaupt.

Auch durch ihre Farben- und Mustervielfalt in der äußeren Zeichnung heben sich die Muskellungen von den anderen Hechtarten ab. Vorherrschend sind die fast einfarbig graubräunlichen *Clear Muskies* (oberes Bild). Entsprechend der großen Weiten und geografischen Unterschiede der nordamerikanischen Landschaften tauchen in starkem Kontrast dazu auch auffällig getigerte *Tiger Muskies* (unteres Bild) auf – eine Kreuzung aus ›normalen‹ Muskellungen und Nordischen Hechten. Darüber hinaus gibt es beeindruckend gezeichnete *Spotted* (gepunktete) und *Barred Muskies* mit vertikalen, ›gesperrten‹ Mustern. Ihre Schwanzflossen laufen anders als die Nordischer Hechte auffallend spitz aus.

100 cm

Rotflossenhecht
Esox americanus

Redfin Pickerel
Brochet d'Amerique

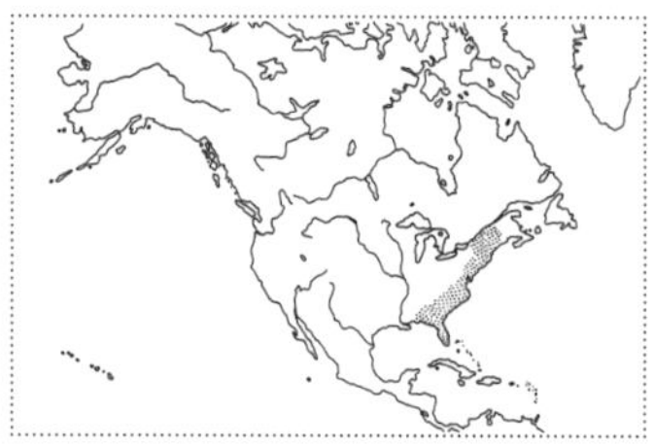

Der Rotflossenhecht ist neben dem Grashecht eine von zwei Unterarten des Amerikanischen Hechts. Er gehört zu den kleinsten Hechten und wird kaum länger als 30 Zentimeter – also weniger, als es das gesetzliche Mindestmaß etwa in Deutschland zur Entnahme von Hechten verlangt.

Rotflossenhechte fallen durch ihre zylindrische Gestalt auf, bei ihnen sind Wangen und Kiemendeckel mit Schuppen besetzt. Ihre Färbung geht in ein extrem dunkles Grün, an den Seiten weisen sie gewellte Streifen auf. Das Maul des Rotflossenhechtes ist im Vergleich zu dem des Kettenhechtes kürzer. Seinen Namen verdankt er seiner auffallend roten Färbung der Flossen.

Wie alle Hechtarten bewohnt der Rotflossenhecht das Süßwasser, vor allem ruhige oder kleine Seen und Sümpfe, Buchten und Stauwasser im Flussgebiet des Sankt-Lorenz-Stroms sowie in den östlichen Bundesstaaten, südlich bis Georgia und Florida. Er ernährt sich von anderen Fischen, darunter Elritzen, zudem von Wasserinsekten, kleinen Krebsen und Fröschen.

Das Fleisch der Rotflossenhechte weist wie das der anderen Hechtarten viele Gräten auf, gilt aber als besonders schmackhaft.

30 cm

Grashecht

Esox americanus vermiculatus

Grass Pickerel

Brochet vermiculé

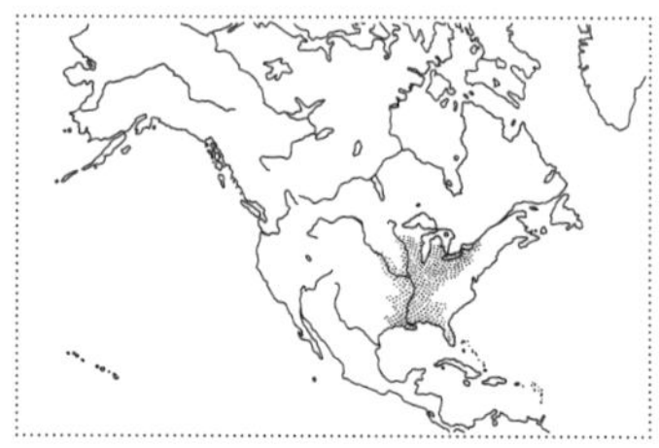

Der nach seiner intensiven Grünfärbung benannte Grashecht gehört wie der Rotflossenhecht zur Art der Amerikanischen Hechte – und er ist neben Barschen und Weißfischen der farbenstarke Protagonist in Henry David Thoreaus berühmtem Buch *Walden*, in dem er auch »Waldenseehecht« genannt wird. Grashechte kommen als Süßwasserfische vor allem in stehenden, dicht bewachsenen Gewässern, Seen und Sümpfen Nordamerikas vor, im Gebiet der Großen Seen in den Bundesstaaten Wisconsin und Michigan, aber auch im Stromgebiet des Mississippi. Sie jagen kleinere Fische, vor allem Elritzen, und Frösche.

Mit einer maximalen Körperlänge von 40 Zentimetern gehören Grashechte zusammen mit den Rotflossenhechten zu den kleinsten Hechten. Der Rücken ist tief olivgrün bis schwarz gefärbt. Der Kopf ist schuppenfrei. Ebenfalls wie der Rotflossenhecht besitzt der Grashecht ein für Hechte vergleichsweise kurzes Maul.

Im Deutschen werden auch junge, untermaßige Nordische Hechte umgangssprachlich bisweilen als ›Grashechte‹ bezeichnet; dies hat jedoch nichts mit der hier beschriebenen Art zu tun.

30 cm

Ketten- oder Schwarzhecht

Esox niger

Chain Pickerel

Brochet maillé

Wie der Muskellunge ist auch der Kettenhecht eine ausschließlich in Nordamerika beheimatete Hechtart, die ihren Namen ihrem gelblich-braunen Kettenmuster verdankt, das durchaus an einen Maschendrahtzaun erinnern kann. Ihr Verbreitungsgebiet erstreckt sich vom östlichen Kanada bis nach Florida. In den USA findet man sie außerdem auf einem Streifen zwischen Louisiana und dem Mississippi-Gebiet bis Kentucky und Missouri – und dort vor allem an schattigen, von Wasserpflanzen geschützten Stellen. Der *Chain Pickerel*, so seine amerikanische Bezeichnung, kommt zudem in einigen Seen vor, etwa im Ontariosee und im Eriesee. Er erreicht eine Maximallänge von 90 Zentimetern, was ihn gegenüber dem Gras- und Rotflossenhecht bei Sportfischern beliebter macht – vor allem zur kalten Jahreszeit. Durchschnittlich wird er jedoch nur knapp über 40 Zentimeter lang. Auf einer amerikanischen Website zur Fischbestimmung ist zu lesen, der *Esox niger* sei »ein schlanker, sportlicher, böse blickender Räuber, der allerdings von den meisten Nicht-Winteranglern praktisch vernachlässigt wird «.[50]

40 cm

Amurhecht
Esox reichertii

Amur Pike / Blackspotted Pike
Brochet de l'Amour

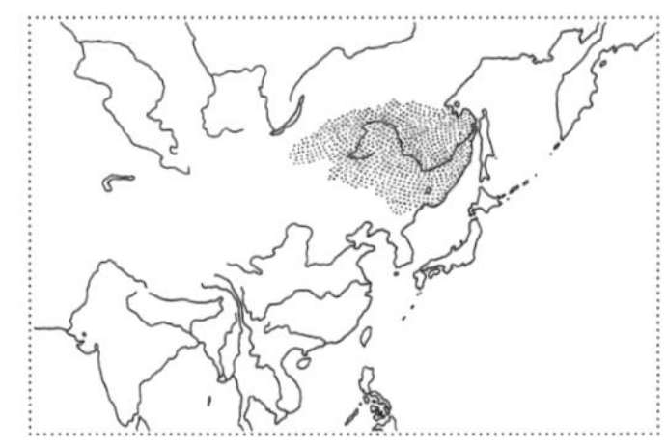

Ein im Hinblick auf seine schwarz getupfte, eher an Forellenarten als an Hechte erinnernde Zeichnung auffälliger Fisch ist der Amurhecht. Er kommt in Russland und China in der Amur-Region vor, auf der nördlich von Japan gelegenen russischen Insel Salachin sowie in den Flüssen Onon und Cherlen in der Mongolei. Ende der 1960er Jahre wurde er zudem auch im Glendale Lake in Pennsylvania eingeführt – im Rahmen eines nach Kaltem Krieg klingenden Austauschs von Besatzfischen zwischen Ost und West. Schwarzbarsche gingen dafür in die Sowjetunion.

Der Amurhecht ist dem Nordischen Hecht und der Muskellunge an Körpergröße unterlegen und wird maximal 120 Zentimeter lang, durchschnittlich rund 55 Zentimeter, und nicht schwerer als 20 Kilogramm. Er wird bis zu 15 Jahre alt. Seine Schuppen sind kleiner als beim Nordischen Hecht und bedecken anders als bei diesem die kompletten Wangen und Kiemendeckel.

Er ist ein beliebter Zielfisch von Sportanglern in der Mongolei – ein Land, das nicht nur aus Steppenlandschaften und der Wüste Gobi besteht, sondern auch über 4000 Flüsse und zahlreiche Seen beherbergt, die seinen Norden ähnlich wie Alaska oder Kanada zu einem Hotspot des Angeltourismus für ›Traumfische‹ gemacht haben.

60 cm

Anmerkungen

1 Patrik Svensson: *Das Evangelium der Aale*, München 2019, S. 20.

2 Vergleiche dazu überblicksartig auch die hervorragende Monografie von Martin Hochleithner: *Hechte. Biologie und Aquakultur*, Kitzbühel, 2. Aufl. 2015.

3 Fred Buller: *Pike and The Pike Angler*, London, Reprint 1986, S. 22 ff.

4 Siehe dazu die Textfassung auf www.projekt-gutenberg.org/thoreau/walden/chap011.html (abgerufen am 20. 12. 2021).

5 Alfred Edmund Brehm: *Brehms Thierleben. Allgemeine Kunde des Thierreichs*, Leipzig 1884.

6 Siehe auch Robert Arlinghaus: *Der unterschätzte Angler: Zukunftsperspektiven für die Angelfischerei in Deutschland*, Stuttgart 2006.

7 https://dafv.de/service/zahlen-und-fakten-angeln/item/506-zahlen-und-fakten-rund-um-die-angelfischerei (abgerufen am 27. 1. 2022).

8 Ebd.

9 Elizabeth Kolbert: »Wir bekommen die Natur nicht zurück«, in: *Der Spiegel* 21/2021.

10 Siehe dazu auch den wunderbaren Essay von Max Scharnigg: »Jede Stadt hat einen Haken«, in: *SZ-Magazin* 20/2021.

11 Siehe dazu auch beispielhaft die Schilderungen des bekannten Anglers Jan Eggers auf *Fisch und Fang*: https://fischundfang.de/jan-eggers-erzaehlt/ (abgerufen am 27. 1. 2022).

12 Peter Huchel: »Havelnacht«, in: *Die Gedichte*, hg. von Axel Vieregg, Frankfurt am Main 1997, S. 88 f.

13 Roland Kurt: *Die akustische Welt der Fische. Deutungen der Lautäusserungen unserer Wasserbewohner*, Schwaderloch 2019.

14 »Liebe als Totalschaden. Aquavit und Sprit: Indriði G. Thorsteinssons Taxi-Roman«, in: *Süddeutsche Zeitung*, 13. 7. 2011.

15 Siehe Arlinghaus, *Der unterschätzte Angler*, S. 30.

16 www.jagdverband.de/zahl-der-jaegerinnen-deutschland-rasant-gestiegen (abgerufen am 21. 12. 2021).

17 »Historisch gesehen wird der Diskurs der Abwesenheit von der Frau gehalten: die Frau ist seßhaft, der Mann ist Jäger, Reisender; die Frau ist treu (sie wartet), der Mann ist Herumtreiber (er fährt zur See, er ›reißt auf‹).« Roland Barthes: *Fragmente einer Sprache der Liebe* (1977), hier Frankfurt am Main 1988, S. 27 f.
18 Heinrich Heine: »Über die Französische Bühne». In der *Allgemeinen Theaterrevue* 1837 zuerst veröffentlicht.
19 https://ghdi.ghi-dc.org/doc page.cfm?docpage_id=2822& language=german (abgerufen am 21. 12. 2021).
20 www.zeit.de/2013/19/angler verein-angela-merkel (abgerufen am 21. 12. 2021). Angela Merkel sagte auch einmal folgende Worte: »Das liebe ich im Übrigen sehr am Angeln, dass es eine Beschäftigung ist, die uns dem Lärm der Gesellschaft, dem wir heute eigentlich pausenlos ausgesetzt sind, ein Stück entzieht. Und damit ist es, glaube ich, auch eine sehr moderne und schöne Form, sich im 21. Jahrhundert dem Fischefangen hinzugeben.« Das war 2004, als sie noch nicht Bundeskanzlerin war, auf einer Festveranstaltung des Deutschen Anglerverbandes in Dresden. (www.lavb.de/prominente-ang lerin-ob-sie-wieder-angeln-geht/ [abgerufen am 21. 12. 2021]).
21 Ebd.
22 Siegfried Lenz: *Der Überläufer*, Hamburg 2020, S. 166. Für den Hinweis danke ich Günter Berg.
23 Ebd. S. 169.
24 *Der Hecht hat's gesagt. Ein russisches Märchen*, nacherzählt von Arnica Esterl. Mit Bildern von Gennadij Spirin, Esslingen 1990.
25 Baron von Ehrenkreutz: *Das Ganze der Angelfischerei und ihrer Geheimnisse*, Quedlinburg und Leipzig 1847.
26 Zitiert nach Wilhelm Doose: *Fischwaid in deutschen Binnengewässern. Anleitung zur Sportfischerei*, Neuendamm 1927. Für diesen und den vorherigen Hinweis danke ich dem Autor Wolfgang Kalweit, der die Internetseite *Classy Catchers* betreibt.

27 Ebd.

28 Alfred Edmund Brehm: *Brehms Thierleben. Allgemeine Kunde des Thierreichs*, Leipzig 1884.

29 Manfred Hegemann: *Der Hecht*, Wittenberg 1964, S. 3.

30 Jonathan Balcombe: *Was Fische wissen: Wie sie lieben, spielen, planen: unsere Verwandten unter Wasser*, Hamburg 2018.

31 Hans Ulrich Gumbrecht: »Der spanische Stierkampf ist bald Geschichte: Erinnerung an ein faszinierendes Ritual«, in: *Neue Zürcher Zeitung*, 22. 1. 2021, S. 19.

32 Bertolt Brecht: »Vom Schwimmen in Seen und Flüssen«, in: *Hauspostille. Mit Anleitungen, Gesangsnoten und einem Anhang*, Frankfurt am Main 1999.

33 Siehe Thomas Kalweit zum 100-jährigen Bestehen des Heintz-Löffels: »Bester Blinker der Welt«, auf https://raubfisch.de/praxis-und-geraete-alte-eisen-heintz-857/ (abgerufen am 22. 12. 2021).

34 Zitiert nach *Brehms Thierleben. Allgemeine Kunde des Thierreichs*, Achter Band, Dritte Abtheilung: Kriechthiere, Lurche und Fische, Leipzig 1884, S. 248–251. Siehe auch: www.zeno.org/Naturwissenschaften/M/Brehm,+Alfred/Brehms+Thierleben/Fische/Zweite+Reihe%3A+Knochenfische+(Teleostei)/F%C3%BCnfte+Ordnung%3A+Edelfische+(Physostomi)/Vierte+Familie%3A+Hechte+(Esocidae)/Einzige+Sippe%3A+Hechte+(Esox)/Hecht+(Esox+lucius) (abgerufen am 27. 1. 2022).

35 Oder in den Worten des Fischereigesetzes von Schleswig-Holstein: »Soweit keine selbstständigen oder beschränkt selbstständigen Fischereirechte bestehen, hat in den Küstengewässern jede natürliche Person das Recht des freien Fischfangs mit der Handangel.« www.schleswig-holstein.de/DE/Fachinhalte/F/fischerei/Downloads/LFischG.pdf?__blob=publicationFile&v=2 (abgerufen am 23. 12. 2021).

36 www.mueritzfischer.de/angeln/angelregeln/ (abgerufen am 25. 1. 2022).

37 Der Deutsche Angelfischerverband nennt eine noch höhere Zahl (https://dafv.de/service/zahlen-und-fakten-angeln/item/506-zahlen-und-fakten-rund-um-die-angelfischerei [abgerufen am 25.1.2022]).

38 Waren es 2017 noch 1800 Küstenfischer, so waren es 2020 nur noch 1100. In der Binnenfischerei ist der Rückgang noch drastischer. https://de.statista.com/statistik/daten/studie/6145/umfrage/zahl-der-beschaeftigten-in-der-fischwirtschaft-nach-sparten/ (abgerufen am 23.12.2021). Eine gute Statistik bietet auch www.lallf.de/fischerei/statistik/fischer-und-fahrzeuge/ (abgerufen am 14.2.2022).

39 Siehe dazu Andreas Möller: *Zwischen Bullerbü und Tierfabrik. Warum wir einen anderen Blick auf die Landwirtschaft brauchen*, Gütersloh 2019.

40 Siehe Arlinghaus, *Der unterschätzte Angler.*

41 Diese Passage ist angelehnt an Andreas Möller: *Traumfang. Eine Geschichte vom Angeln*, Berlin 2009.

42 www.nobelhartundschmutzig.com/speiselokal-pink/ (abgerufen 21.1.2022).

43 Theodor Fontane: *Wanderungen durch die Mark Brandenburg. Spreeland.* Beeskow-Storkow und Barnim-Teltow, Berlin 1882.

44 Sláva Štochl: *Das Jahr des Anglers*, Hanau 1980.

45 Martin Seel: *Eine Ästhetik der Natur*, Suhrkamp 1996.

46 Henry D. Thoreau: *Walden oder Hüttenleben im Walde*, aus dem Amerikanischen übersetzt und mit einem Nachwort von Fritz Güttinger, 3. Aufl. Zürich 1992, S. 398 f. In anderen Fassungen ist auch von Grashechten die Rede.

47 Ebd. S. 399.

48 Georg Simmel: »Die Krisis der Kultur« [1916], in: Ders.: *Gesamtausgabe*, hg. von Otthein Rammstedt, Frankfurt am Main 2000, Bd. 13, S. 191.

49 Svensson, *Das Evangelium der Aale*, S. 21.

50 http://identifyfish.blogspot.com/2010/11/chain-pickerel-esox-niger.html (abgerufen am 4.1.2022).

Abbildungsverzeichnis

Frontispiz *Hecht.* Wilhelm Eigener, in: Unser Aquarium. Das neue Sammelalbum der Berliner Morgenpost, 1962.

Seite 9 *Tafel 29, Hecht.* Heinrich Harder, in: Unsere Suesswasserfische, Leipzig 1913.

Seite 10 *Autor mit Angelfreund,* 1986. © Andreas Möller.

Seite 13 *Lucius fluviat.* Conrad Gessner: Thier-Buch, 1558.

Seite 16 *Head of Esox Estor.* Frank Forester's fish and fishing of the United States and British provinces of North America, 1849.

Seite 19 *Pike, Pickerel, Maskalonge.* Sherman Foote Denton, in: Annual Report of the Commissioners of Fish, Game, and Forests of the State of New York, 1896.

Seite 21 *Versteinerter Hecht.* Johann Georg Altmann: L'état et les délices de la Suisse, Amsterdam 1730.

Seite 26 *Hechte beim Laichen.* Wolfgang Zeiske: Fisch- und Gewässerkunde, Berlin 1973.

Seite 30 *Kormoran.* Wilhelm Kuhnert, 1911.

Seite 33 *Hecht in Seeuferlandschaft.* Hermann Max Pechstein, 1936.

Seite 36 *Hecht, Barsch, Rotauge, Forelle, Dreistachliche Stichlinge.* Naturgeschichte für die Jugend von Prof. Dr. W. Marshall, Nürnberg 1918.

Seite 39 *Präparierter Hecht,* 1968. Foto: Oskar Spang, Stadtarchiv Bregenz.

Seite 42 *Simon Günther mit Hecht.* Foto: Zimontkowski; Hans-Günter Quaschinsky © Bundesarchiv, Bild 183-51715-0012.

Seite 49 *Snoeken en baarzen in een aquarium.* Gerrit Willem Dijsselhof, 1910–1920.

Seite 56 Cover von Outdoor Life, Juni 1929.

Seite 59 *Kaija Jukarainen.* © Ilkka Jukarainen.

Seite 63 *A Soviet Akula class nuclear-powered attack submarine.* The U. S. National Archives.

Seite 65 *Teterow. Hechtbrunnen.* Historische Postkarte.

Seite 69 Illustration von Gennadij Spirin, in: Arnica Esterl: Der Hecht hat's gesagt, Esslingen 1990.